TECNOLOGÍAS

ESO

TERCER TRIMESTRE

¿CÓMO ES **ESTE LIBRO?**

Los contenidos que se trabajan en este trimestre se agrupan en **tres unidades didácticas,** con la estructura siguiente.

Páginas iniciales

Una imagen sugerente y un texto introductorio nos invitan a adentrarnos en el estudio de los contenidos que presenta la unidad.

Además, en estas páginas podemos encontrar:

- Un esquema con los **contenidos** de la unidad.
- Una batería de preguntas, agrupadas bajo el título **Preparación de la unidad.**
- La relación de las **competencias básicas** que se alcanzarán al finalizar la unidad.

7
Operadores tecnológicos
CONTENIDOS
PREPARACIÓN DE LA UNIDAD
COMPETENCIAS BÁSICAS

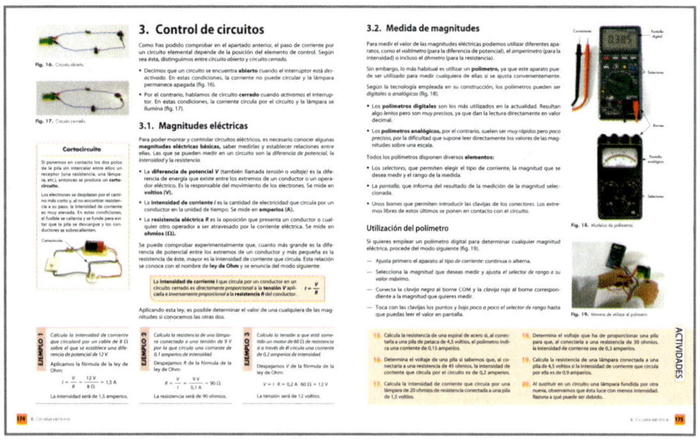
3. Control de circuitos
3.1. Magnitudes eléctricas
3.2. Medida de magnitudes
Utilización del polímetro
ACTIVIDADES

Desarrollo de la unidad

Los contenidos se presentan organizados en apartados y subapartados, siguiendo la lógica interna de la materia.

Donde es necesario, se incorporan:

- **Ejemplos resueltos** de actividades que requieren tratamiento matemático.
- **Cuadros al margen** que contienen explicaciones complementarias, ampliaciones, aclaraciones, etc.

Al final de cada bloque de contenidos se ofrecen **actividades** para consolidar el aprendizaje.

Prácticas de taller y Recursos multimedia

En todas las unidades se ofrece una sección, denominada **Prácticas de taller,** con actividades manipulativas que permiten trabajar los contenidos procedimentales.

En algunas de ellas, además, se ofrecen **Recursos multimedia** con actividades que deben ser realizadas utilizando simuladores y otros programas disponibles en la red Internet.

PRÁCTICAS DE TALLER

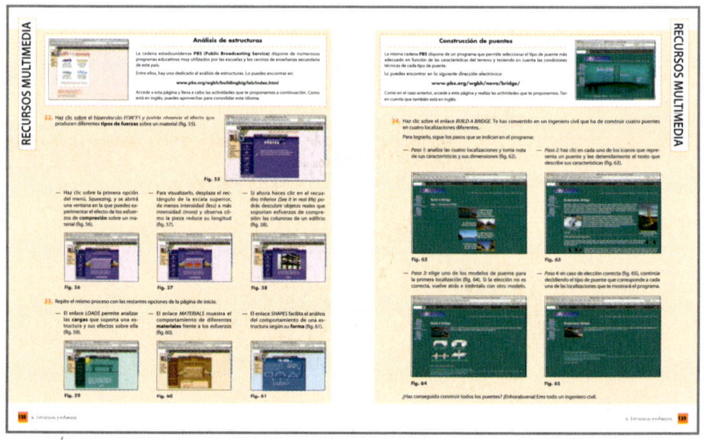
RECURSOS MULTIMEDIA
Análisis de estructuras
Construcción de puentes

Actividades de síntesis

Las últimas páginas de cada unidad contienen:

- Una amplia serie de **actividades** de recapitulación, organizadas por apartados de la unidad.
- Algunas propuestas de atención a la diversidad; actividades de **refuerzo** y de **ampliación.**
- Un mapa conceptual preparado para que el alumno lo complete y obtenga así una **síntesis** de los contenidos trabajados en la unidad.

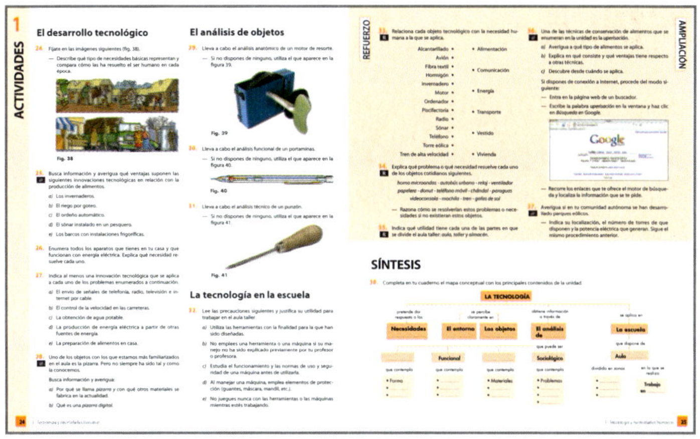
ACTIVIDADES
El desarrollo tecnológico
El análisis de objetos
La tecnología en la escuela
REFUERZO
AMPLIACIÓN
SÍNTESIS

EVALUACIÓN
CURIOSIDADES
Las monedas de euro
MINI WEBQUEST

Páginas finales

Las unidades se cierran con una doble página que contiene:

- Una propuesta amplia de **evaluación,** para que los alumnos comprueben, por sí mismos, si han alcanzado los objetivos de aprendizaje y son competentes en la materia.
- Un artículo de divulgación, titulado **Curiosidades,** sobre aspectos relacionados con los contenidos trabajados.
- Una **mini Webquest,** es decir, una propuesta de búsqueda de información en la red internet que incluye direcciones electrónicas de interés.

A continuación, el libro ofrece un **vocabulario técnico** y una unidad que contiene diferentes **proyectos técnicos.**

El **vocabulario técnico** está organizado por unidades didácticas.

En cada una se ofrece una *relación alfabética de los términos más importantes* empleados, junto con su *definición* correspondiente.

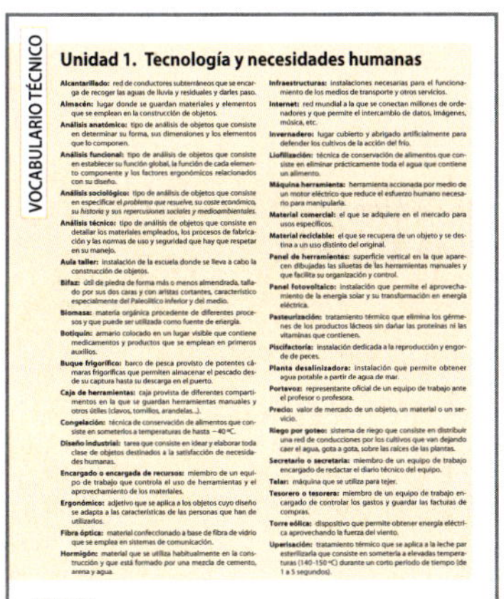
VOCABULARIO TÉCNICO
Unidad 1. Tecnología y necesidades humanas

La unidad de **proyectos técnicos** contiene *un proyecto técnico desarrollado paso a paso*, una serie de *proyectos* con información parcial para ser desarrollados, y una relación de *problemas técnicos* para que los alumnos los resuelvan de forma creativa.

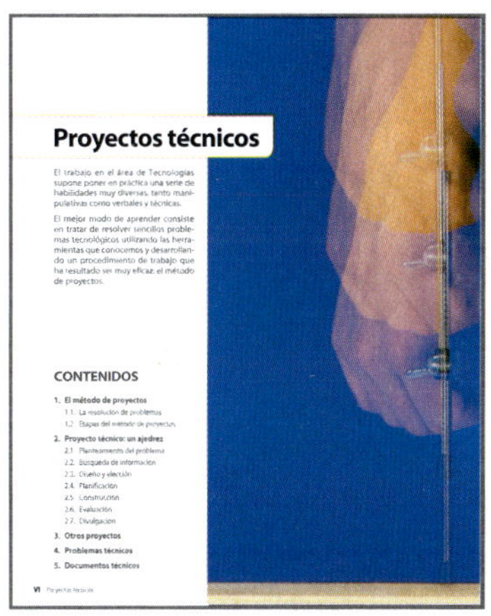
Proyectos técnicos
CONTENIDOS

ÍNDICE

Unidades 8 a 10

8

Circuitos eléctricos

En esta unidad descubriremos, entre otras cosas, qué es la electricidad y cómo se genera la corriente eléctrica.

A continuación, conoceremos las características de los principales operadores eléctricos que se montan en un circuito y las magnitudes eléctricas que se emplean en él.

Por último, aprenderemos a representar gráficamente componentes y circuitos utilizando simbología normalizada.

CONTENIDOS

PREPARACIÓN DE LA UNIDAD

- Enumera dispositivos que conozcas a partir de los cuales podamos obtener energía eléctrica. ¿Sabes qué diferencia hay entre la electricidad que proporciona una pila y la que se obtiene de un enchufe de casa?
- Indica objetos de uso doméstico que funcionen con electricidad. Distingue entre los que funcionan con pilas y los que se conectan a la red eléctrica.
- Indica, al menos, un dispositivo que produzca los efectos siguientes.
  a) Produce luz a partir de electricidad.
  b) Produce calor a partir de electricidad.
  c) Produce movimiento a partir de electricidad.
- Seguro que has oído hablar de los cables de alta tensión. ¿Sabes lo que es la tensión eléctrica? ¿Con qué otros nombres se la conoce?

COMPETENCIAS BÁSICAS

Competencia en el conocimiento y la interacción con el mundo físico

- Conocer el origen de la corriente eléctrica y su relación con la estructura del átomo.
- Distinguir entre corriente continua y corriente alterna.
- Identificar operadores eléctricos, reconocer sus símbolos normalizados y clasificarlos según la función que desempeñan dentro del circuito.

Competencia matemática

- Reconocer las principales magnitudes eléctricas y las unidades en que se miden, y también calcularlas utilizando la ley de Ohm.

Competencia para aprender a aprender

- Dibujar esquemas eléctricos de circuitos que incluyan diversos tipos de operadores y que estén montados de diferente forma (en serie, en paralelo o mixto).

Fig. 1. Al frotar una varilla de vidrio, ésta se carga de electricidad estática.

1. La electricidad

Si observamos nuestro entorno, podremos descubrir gran variedad de elementos y sistemas que necesitan la energía eléctrica para funcionar. Esta forma de energía permitió el desarrollo y la evolución de nuestra sociedad en el siglo XX y continúa siendo protagonista en el actual siglo XXI.

Sin embargo, el conocimiento de su existencia se remonta a tiempos inmemoriales. Ya en la Antigüedad se sabía que, si se frotaba con un paño un trozo de ámbar (llamado *elektron,* en griego), este material adquiría el poder de atraer objetos pequeños y ligeros, como plumas de ave.

Este fenómeno se conoce como **electricidad estática** y es posible apreciarlo frotando una varilla de plástico o de vidrio con un paño: la carga eléctrica acumulada es capaz de atraer pequeños trozos de papel (fig. 1).

Actualmente sabemos que la materia está formada por partículas elementales llamadas **átomos.** En el interior de éstos, podemos encontrar otras más pequeñas: los *protones, los electrones* y los *neutrones* (fig. 2).

- Los **protones** se encuentran en el núcleo del átomo y tienen *carga eléctrica positiva* (que se representa con el signo +).
- Los **electrones** están en la corteza y poseen *carga eléctrica negativa* (representada con el signo −).
- Los **neutrones** están también en el núcleo, pero no poseen carga eléctrica de ningún signo.

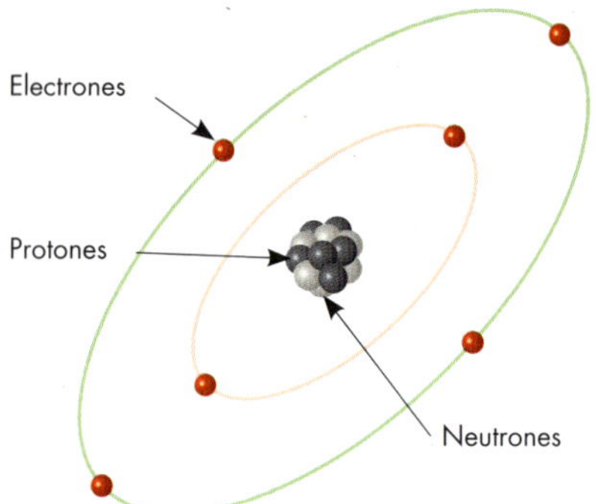

Fig. 2. Estructura del átomo.

Cada átomo tiene el mismo número de protones que de electrones, por lo que, en estado normal, un átomo es **eléctricamente neutro.**

Pero algunos átomos presentan tendencia a *capturar* o a *perder* electrones, por lo que se produce un desequilibrio de cargas.

- Si un átomo **captura** electrones, queda *cargado negativamente* (−). Es lo que le pasa al ámbar, por ejemplo, cuando se frota contra un paño.
- En cambio, si **pierde** electrones, queda *cargado positivamente* (+). Los átomos de los metales presentan esta tendencia.

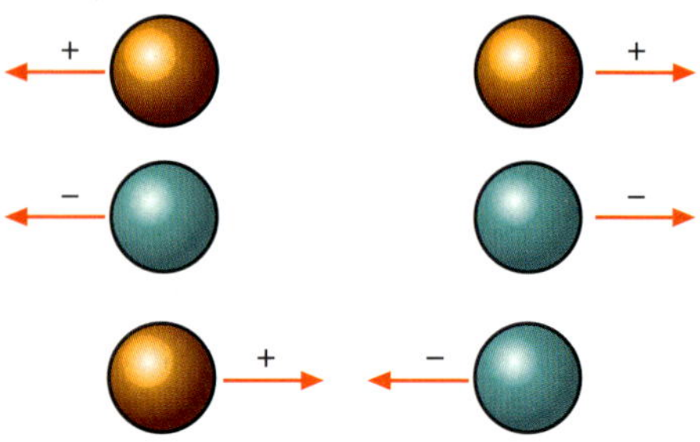

Fig. 3. Atracciones y repulsiones entre cargas.

Dos cargas *del mismo signo* se **repelen.** Por el contrario, dos cargas *de diferente signo* se **atraen** (fig. 3).

ACTIVIDADES

1. Comprueba la existencia de la electricidad estática.

— Busca un peine de plástico y aproxímalo a tus cabellos. Comprueba que no ocurre nada.

— Pasa el peine por tus cabellos repetidamente. Observa que, a medida que lo haces, los cabellos son atraídos por él.

Tras la experiencia, contesta las preguntas siguientes.

a) ¿Por qué el peine sólo atrae a los cabellos después de haberlo pasado repetidamente sobre ellos?

b) ¿De qué signo son las cargas eléctricas acumuladas en el peine y en los cabellos? ¿Por qué lo sabes?

1.1. La corriente eléctrica

La estructura interna de los materiales determina su comportamiento frente a las cargas eléctricas. Según esto, los materiales se clasifican en dos grupos, como ya sabemos: *aislantes o dieléctricos,* y *conductores.*

- Los materiales **aislantes o dieléctricos** no permiten la circulación de cargas eléctricas a través de ellos. Es el caso del *plástico* o el *vidrio.*
- Los materiales **conductores,** por el contrario, permiten que las cargas se desplacen con facilidad. Es el caso de los *metales.*

Así, si conectamos un hilo de cobre entre los polos de una pila, los electrones que pierde cada átomo se alejarán del polo negativo y se desplazarán hacia el positivo. De este modo aparece la *corriente eléctrica.*

> La **corriente eléctrica** es el movimiento de los electrones por el interior de un conductor.

Este movimiento lo origina una fuerza que recibe el nombre de *fuerza electromotriz.*

> La **fuerza electromotriz** es la energía que impulsa los electrones por el interior de un conductor.

Según el tipo de movimiento de los electrones, distinguiremos dos **tipos básicos** de corriente: la *corriente continua* y la *corriente alterna.*

El sentido de la corriente

Cuando se descubrió la electricidad, los científicos pensaban que *la corriente continua circulaba desde el polo positivo del generador hasta el polo negativo.* Así se estableció el **sentido convencional** de circulación de la corriente.

Pero como la corriente eléctrica está formada por cargas negativas, su **sentido real** de circulación por el circuito es el contrario, es decir, *desde el polo negativo del generador hacia el positivo.*

A pesar de ello, se sigue aceptando el sentido convencional para explicar la circulación de la corriente.

Corriente continua

En este tipo de corriente, los electrones *se mueven siempre en el mismo sentido,* desde el polo negativo del generador al polo positivo. Se puede obtener a partir de una pila, un acumulador o una batería (fig. 4).

Se simboliza con las siglas **DC** *(Direct Current)* o **CC** *(corriente continua).*

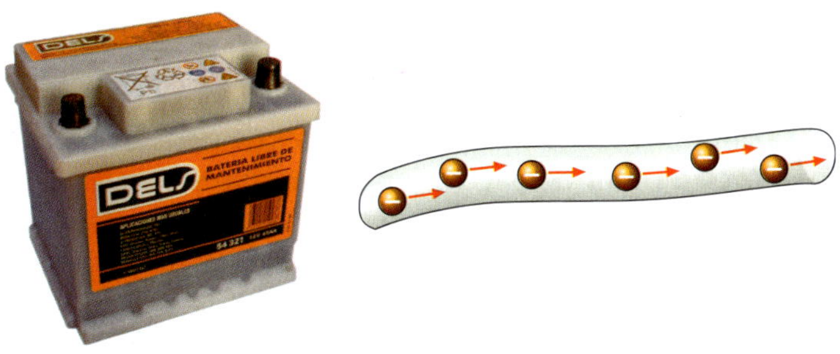

Fig. 4. Movimiento de los electrones en corriente continua.

Corriente alterna

En ella, los polos del generador cambian de signo constantemente y los electrones *oscilan de forma alternativa en uno y otro sentido.* Este tipo de corriente llega a nuestros hogares procedente de las centrales eléctricas (fig. 5).

Se simboliza con las siglas **AC** *(Altern Current)* o **CA** *(corriente alterna).*

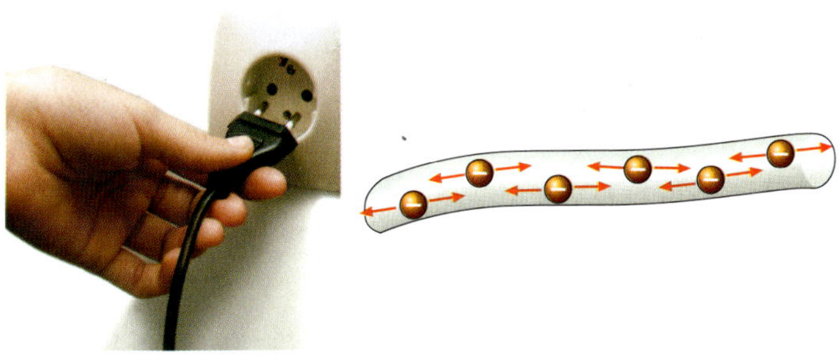

Fig. 5. Movimiento de los electrones en corriente alterna.

ACTIVIDADES

2. Razona por qué los conductores de la corriente eléctrica suelen estar recubiertos de plástico.

3. Define qué es la fuerza electromotriz y cuál es su función.

4. Explica qué diferencia hay entre la corriente continua y la corriente alterna.

— Pon ejemplos de aparatos y dispositivos que funcionen con cada tipo de corriente.

2. Operadores eléctricos

Como ya sabemos, un operador es un dispositivo que transforma la energía de manera que nos resulte útil. Esta definición se aplica también a los *operadores eléctricos.*

> Un **operador eléctrico** es un dispositivo encargado de *modificar la energía eléctrica y de transformarla* en otras formas de energía (mecánica, térmica, radiante, etc.).

En esta unidad nos ocuparemos solamente de los **operadores eléctricos en corriente continua.** Para estudiarlos, distinguiremos entre *generadores, conductores, receptores, elementos de conexión, de protección* y *de control.*

2.1. Generadores

> Los **generadores** se encargan de *producir energía eléctrica* a partir de otras formas de energía.

Los de corriente continua más conocidos son las *pilas secas,* las *baterías recargables,* los *acumuladores* y las *dinamos* (fig. 6).

Dinamo de bicicleta

Batería de Ni-Cd

Pila alcalina

Pila de botón

Pila salina

Batería de Li-ion

Baterías de Ni-MH

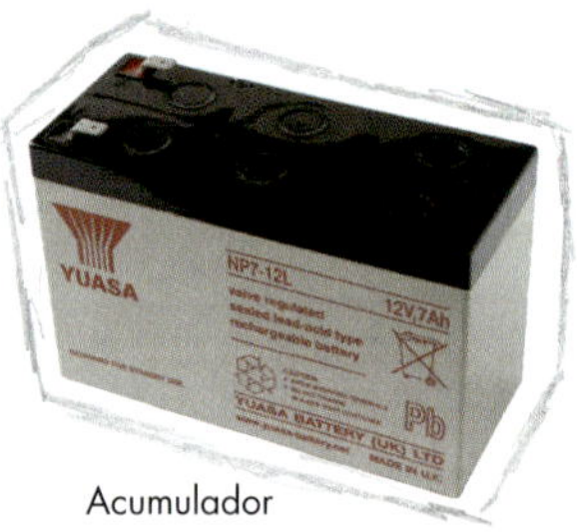

Acumulador

Pila de petaca

Fig. 6

- Las **pilas secas** transforman *energía química* en *energía eléctrica.* En el mercado existen diferentes tipos: *salinas, alcalinas, de botón, de petaca,* etc. Se utilizan en multitud de aparatos portátiles.
- Las **baterías recargables** almacenan *energía eléctrica* en forma de *energía química* para liberarla cuando es necesario su empleo. Las hay de *níquel-cadmio* (NiCd), de *níquel-hidruro metálico* (NiMH) y de *ion de litio* (Li-ion). Se emplean en teléfonos móviles, agendas electrónicas y dispositivos de última generación.
- Los **acumuladores** también almacenan *energía eléctrica* en forma de *energía química.* Son mucho más potentes que las baterías recargables. Las utilizan los vehículos y los sistemas de captación de energía solar fotovoltaica.
- Las **dinamos** son dispositivos capaces de generar *energía eléctrica* a partir de *energía mecánica* que se obtiene del movimiento de objetos, del aire o del agua. En las bicicletas, por ejemplo, se utiliza una dinamo para obtener energía eléctrica a partir del movimiento de la rueda.

ACTIVIDADES

5. Busca diferentes modelos de pilas secas.

— Describe su forma, indica sus características y señala la forma concreta de identificarlas.

6. @ Busca información en libros o en la red y explica cómo funciona la dinamo de una bicicleta.

7. Indica qué tipo de pilas secas utilizarías en cada uno de los objetos siguientes:

un circuito provisto de bombilla e interruptor
un reloj digital - una batidora - un coche de juguete
una cámara de fotos - una linterna - una báscula de baño

2.2. Conductores

> Los **conductores** son elementos que dejan pasar la corriente eléctrica con facilidad y *unen entre sí otros operadores.*

Fig. 7. Hilos y cables eléctricos.

Los más utilizados en cualquier tipo de corriente son los *hilos* y los *cables* (fig. 7). En ambos se utiliza el **cobre** por sus propiedades: es *dúctil* (puede estirarse en hilos sin romperse) y excelente *conductor* de la electricidad.

- Los **hilos** están constituidos por un *cilindro de cobre* de diámetro variable. Pueden ir protegidos o no por una cubierta de *plástico*. Si carecen de ella se denominan entonces *conductores desnudos*.
- Los **cables** están formados por un *conjunto de hilos finos de cobre*. Siempre están protegidos por una cubierta de *plástico,* ya que, además de aislarlos, mantiene los hilos agrupados.

2.3. Receptores

> Los **receptores** son operadores que reciben la energía eléctrica y la *transforman en otras formas de energía.*

Los más empleados en corriente continua son las *lámparas de incandescencia* y los *motores eléctricos.*

Las **lámparas de incandescencia** transforman la *energía eléctrica* en *energía radiante:* luz y calor (fig. 8).

En el interior de estas lámparas hay un *filamento* de volframio o carbono de gran longitud enrollado sobre sí mismo y sostenido por medio de unos *soportes.*

Al pasar la corriente eléctrica a través de él, la gran resistencia del filamento produce una temperatura tan elevada que éste se pone incandescente y emite luz.

Fig. 8

Los **motores eléctricos** transforman la energía eléctrica en *energía mecánica:* el movimiento de rotación del eje del motor (fig. 9).

Este tipo de operador eléctrico es muy útil ya que, a la salida de su eje, podemos conectar diferentes operadores mecánicos capaces de realizar distintas operaciones.

Además, si se invierten las conexiones del generador que lo alimenta, el motor también invierte su sentido de giro.

Fig. 9

ACTIVIDADES

8. Localiza hilos y cables de cobre. Retira la cubierta aislante de uno de sus extremos, observa cómo son y prepáralos para conectarlos.

— En el caso de los hilos, dobla su extremo con ayuda de los alicates de punta fina. En el caso de los cables, entrelaza los filamentos con los dedos.

9. @ Averigua en qué aplicaciones se emplean conductores protegidos y en cuáles se utilizan desnudos.

10. Localiza una lámpara de incandescencia, un tubo fluorescente, una lámpara compacta y una lámpara halógena. Averigua sus características y completa un cuadro como el siguiente.

RECEPTOR	TENSIÓN	POTENCIA	TIPO DE CASQUILLO	VIDA ÚTIL
....	....	....	....	....
....	....	....	....	....

2.4. Elementos de conexión

Los **elementos de conexión** permiten *conectar entre sí* con comodidad todos los operadores de un circuito eléctrico.

Se suelen denominar **conectores** y los más empleados en corriente continua son las *clavijas*, las *bases de enchufe*, las *pinzas de cocodrilo*, los *conectores faston*, las *regletas de empalme*, los *portapilas* y los *portalámparas* (fig. 10).

- Las **clavijas** se sitúan en el extremo de los cables de alimentación de los receptores.
- Las **bases de enchufe,** combinadas con las clavijas, facilitan la conexión del receptor a la fuente de alimentación.
- Las **pinzas de cocodrilo** también facilitan la conexión de un conductor a cualquier otro elemento del circuito.
- Los **conectores *faston*** son piezas metálicas que se utilizan para conectar las *pilas de petaca* al circuito.
- Las **regletas de empalme** permiten unir conductores de forma segura gracias a los *tornillos de fijación* de que disponen.
- Los **portalámparas** están provistos de una *rosca* que permite ajustar la lámpara para conectarla al circuito.
- Los **portapilas** sirven para sujetar las pilas y conectarlas al circuito. Se adaptan al número y tamaño de las pilas.

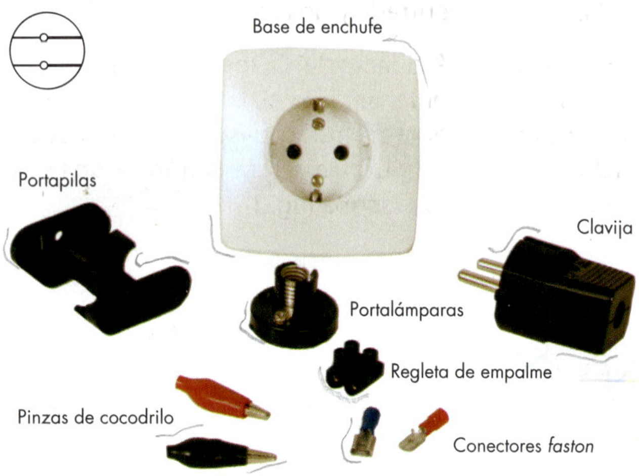

Fig. 10

2.5. Elementos de protección

Los **elementos de protección** evitan que las sobrecargas o el trabajo prolongado puedan afectar a otros operadores del circuito.

En circuitos de corriente continua, el elemento de protección más conocido es el **fusible.**

Un fusible está formado por un *filamento* muy fino que se coloca en el interior de una *cápsula de vidrio* (fig. 11) o protegido por una *cubierta de cerámica.*

Cuando se produce una sobrecarga o un cortocircuito y aumenta la intensidad de corriente, la temperatura del filamento se eleva hasta que se funde y se rompe, protegiendo así el aparato

Fig. 11. Fusible en cápsula de vidrio.

ACTIVIDADES

11. Reproduce en tu libreta el cuadro y complétalo con la función de los elementos que aparecen a continuación.

base de enchufe - clavija - conector faston - pinzas de cocodrilo - portalámparas - portapilas - regleta de empalme

ELEMENTOS DE CONEXIÓN	
ELEMENTO	FUNCIÓN
Base de enchufe	Facilita la conexión del receptor a la fuente de alimentación.
....	....

2.6. Elementos de control

Los **elementos de control** permiten *manipular de forma voluntaria* el paso de la corriente eléctrica a través del circuito.

Los más utilizados en todo tipo de corriente son los *interruptores,* los *pulsadores* y los *conmutadores.*

Los **interruptores** tienen una sola entrada y una única salida.

Están provistos de un *mecanismo basculante* de accionamiento manual que permite o impide el paso de la corriente eléctrica según la posición en que se sitúa (fig. 12).

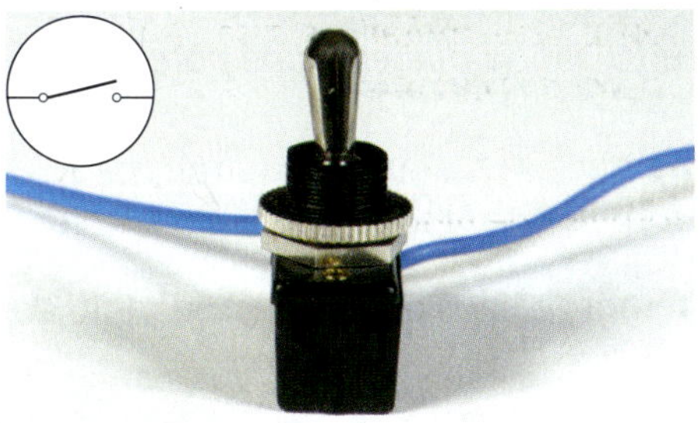

Fig. 12

Los **pulsadores** también tienen una sola entrada y una única salida.

Funcionan de modo semejante a los interruptores, pero el mecanismo basculante está provisto de un *muelle,* de forma que, al dejar de accionar sobre ellos, retornan a la posición inicial (fig. 13).

Fig. 13

Los **conmutadores** disponen de una entrada y dos salidas.

A diferencia de los anteriores, no impiden el paso de la corriente, sino que el mecanismo basculante la desvía a una u otra salida según la posición que ocupa (fig. 14).

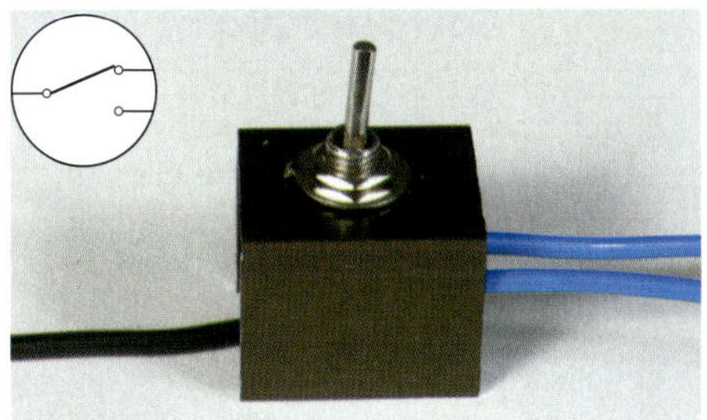

Fig. 14

Los conmutadores pueden ser empleados como interruptores. Para ello, basta conectar el circuito a una de las dos salidas: cuando el conmutador bascula hacia la que no está conectada, se interrumpe el paso de la corriente.

En cambio, *los interruptores no pueden ser utilizados como conmutadores,* ya que sólo disponen de una salida.

2.7. Un circuito elemental

Los operadores eléctricos se montan de manera que sea posible la circulación de la corriente eléctrica a través de ellos.

Así, si unimos un *generador* con otros operadores eléctricos por medio de *conductores,* obtenemos un **circuito eléctrico elemental** (fig. 15).

A medida que vamos añadiendo nuevos operadores, los circuitos pueden llegar a ser muy complejos.

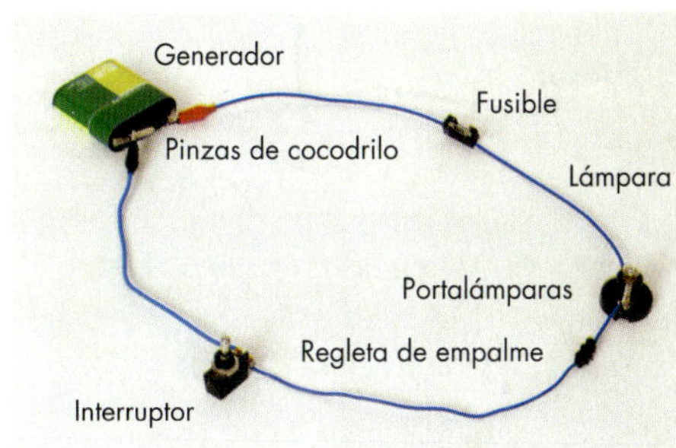

Fig. 15

ACTIVIDADES

12. Observa el circuito que se muestra en la figura 15.

— Señala la función de cada uno de los operadores eléctricos que aparecen en él.

— ¿De qué otro modo se pueden empalmar los cables conductores? ¿Qué ventajas presenta la regleta?

— Explica cómo funciona el circuito y justifica de qué tipo es la corriente eléctrica que circula por él.

13. Observa de nuevo el circuito y responde.

— ¿Podemos emplear un conmutador como elemento de control? ¿Cómo lo conectaríamos?

— ¿Qué pasaría si sustituyéramos el interruptor por un pulsador? ¿Cómo funcionaría el circuito en ese caso?

14. Averigua qué es un conmutador de cruce y cómo funciona.

V : Voltaje (voltios) I : Int. de corriente (amperio) R : resistencia (ohmios)

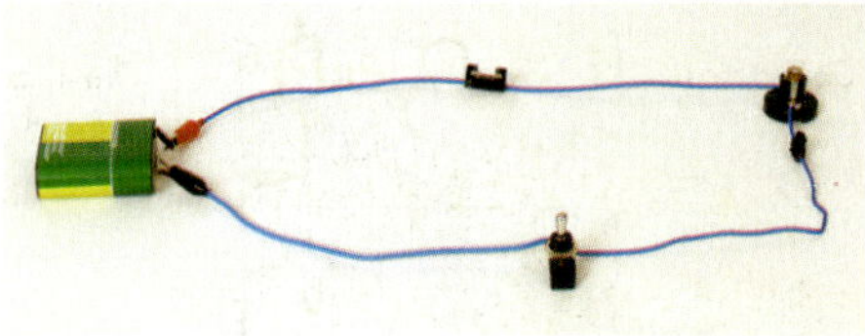

Fig. 16. Circuito abierto.

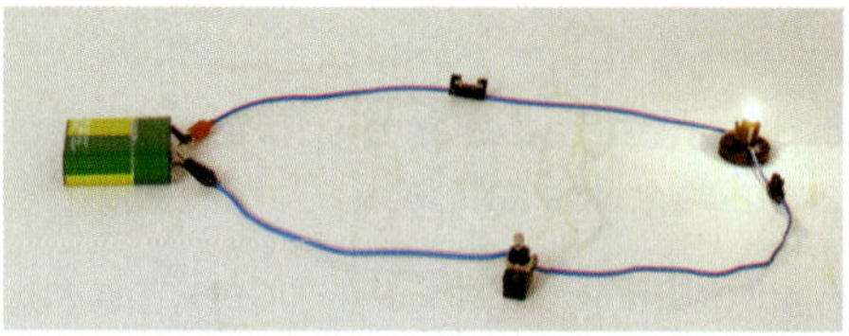

Fig. 17. Circuito cerrado.

3. Control de circuitos

Como has podido comprobar en el apartado anterior, el paso de corriente por un circuito elemental depende de la posición del elemento de control. Según sea ésta, distinguimos entre *circuito abierto* y *circuito cerrado.*

- Decimos que un circuito se encuentra **abierto** cuando el interruptor está *desactivado.* En estas condiciones, la corriente no puede circular y la lámpara permanece apagada (fig. 16).
- Por el contrario, hablamos de circuito **cerrado** cuando *activamos* el interruptor. En estas condiciones, la corriente circula por el circuito y la lámpara se ilumina (fig. 17).

Cortocircuito

Si ponemos en contacto los dos polos de la pila sin intercalar entre ellos un receptor (una resistencia, una lámpara, etc.), entonces se produce un **cortocircuito.**

Los electrones se desplazan por el camino más corto y, al no encontrar resistencia a su paso, la intensidad de corriente es muy elevada. En estas condiciones, el fusible se calienta y se funde para evitar que la pila se descargue y los conductores se sobrecalienten.

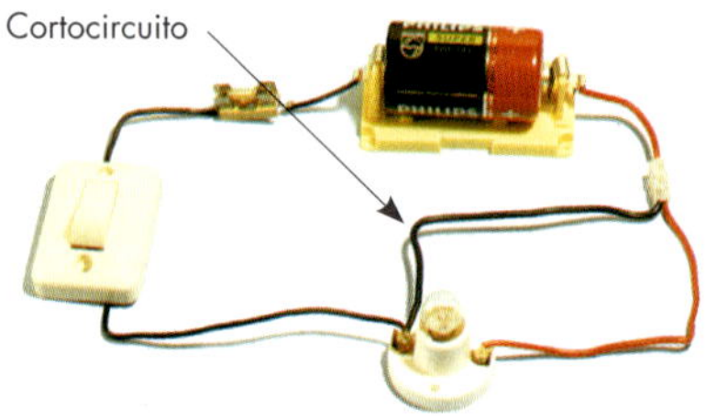

3.1. Magnitudes eléctricas

Para poder montar y controlar circuitos eléctricos, es necesario conocer algunas **magnitudes eléctricas básicas,** saber medirlas y establecer relaciones entre ellas. Las que se pueden medir en un circuito son la *diferencia de potencial,* la *intensidad* y la *resistencia.*

- La **diferencia de potencial *V*** (también llamada *tensión* o *voltaje)* es la diferencia de energía que existe entre los extremos de un conductor o un operador eléctrico. Es la responsable del movimiento de los electrones. Se mide en **voltios (V).**
- La **intensidad de corriente *I*** es la cantidad de electricidad que circula por un conductor en la unidad de tiempo. Se mide en **amperios (A).**
- La **resistencia eléctrica *R*** es la oposición que presenta un conductor o cualquier otro operador a ser atravesado por la corriente eléctrica. Se mide en **ohmios (Ω).**

Se puede comprobar experimentalmente que, cuanto más grande es la diferencia de potencial entre los extremos de un conductor y más pequeña es la resistencia de éste, mayor es la intensidad de corriente que circula. Esta relación se conoce con el nombre de **ley de Ohm** y se enuncia del modo siguiente:

> La **intensidad de corriente *I*** que circula por un conductor en un circuito cerrado es *directamente proporcional* a la **tensión *V*** aplicada e *inversamente proporcional* a la **resistencia *R*** del conductor.
>
> $$I = \frac{V}{R}$$

Aplicando esta ley, es posible determinar el valor de una cualquiera de las magnitudes si conocemos las otras dos.

EJEMPLO 1

Calcula la intensidad de corriente que circulará por un cable de 8 Ω sobre el que se establece una diferencia de potencial de 12 V.

Aplicamos la fórmula de la ley de Ohm:

$$I = \frac{V}{R} = \frac{12\text{ V}}{8\ \Omega} = 1{,}5\text{ A}$$

La intensidad será de 1,5 amperios.

EJEMPLO 2

Calcula la resistencia de una lámpara conectada a una tensión de 9 V por la que circula una corriente de 0,1 amperios de intensidad.

Despejamos *R* de la fórmula de la ley de Ohm:

$$R = \frac{V}{I} = \frac{9\text{ V}}{0{,}1\text{ A}} = 90\ \Omega$$

La resistencia será de 90 ohmios.

EJEMPLO 3

Calcula la tensión a que está sometido un motor de 60 Ω de resistencia si a través de él circula una corriente de 0,2 amperios de intensidad.

Despejamos *V* de la fórmula de la ley de Ohm:

$$V = I \cdot R = 0{,}2\text{ A} \cdot 60\ \Omega = 12\text{ V}$$

La tensión será de 12 voltios.

3.2. Medida de magnitudes

Para medir el valor de las magnitudes eléctricas podemos utilizar diferentes aparatos, como el *voltímetro* (para la diferencia de potencial), el *amperímetro* (para la intensidad) o también el *óhmetro* (para la resistencia).

Sin embargo, lo más habitual es utilizar un **polímetro,** ya que este aparato puede ser utilizado para medir cualquiera de ellas si se ajusta convenientemente.

Según la tecnología empleada en su construcción, los polímetros pueden ser *digitales* o *analógicos* (fig. 18).

- Los **polímetros digitales** son los más utilizados en la actualidad. Resultan algo *lentos* pero son *muy precisos,* ya que dan la lectura directamente en valor decimal.
- Los **polímetros analógicos,** por el contrario, suelen ser *muy rápidos* pero *poco precisos,* por la dificultad que supone leer directamente los valores de las magnitudes sobre una escala.

Todos los polímetros disponen diversos **elementos:**

- Los *selectores,* que permiten elegir el tipo de corriente, la magnitud que se desea medir y el rango de la medida.
- La *pantalla,* que informa del resultado de la medición de la magnitud seleccionada.
- Unos *bornes* que permiten introducir las clavijas de los *conectores.* Los extremos libres de estos últimos se ponen en contacto con el circuito.

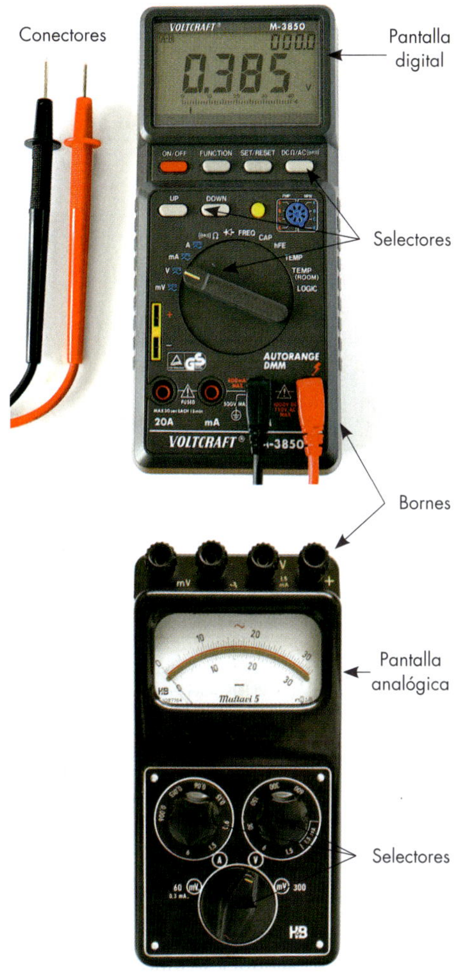

Fig. 18. Modelos de polímetros.

Utilización del polímetro

Si quieres emplear un polímetro digital para determinar cualquier magnitud eléctrica, procede del modo siguiente (fig. 19).

— Ajusta primero el aparato al *tipo de corriente:* continua o alterna.

— Selecciona la *magnitud* que deseas medir y ajusta *el selector de rango a su valor máximo.*

— Conecta la *clavija negra* al borne COM y la *clavija roja* al borne correspondiente a la magnitud que quieres medir.

— Toca con las clavijas los puntos y *baja poco a poco el selector de rango* hasta que puedas leer el valor en pantalla.

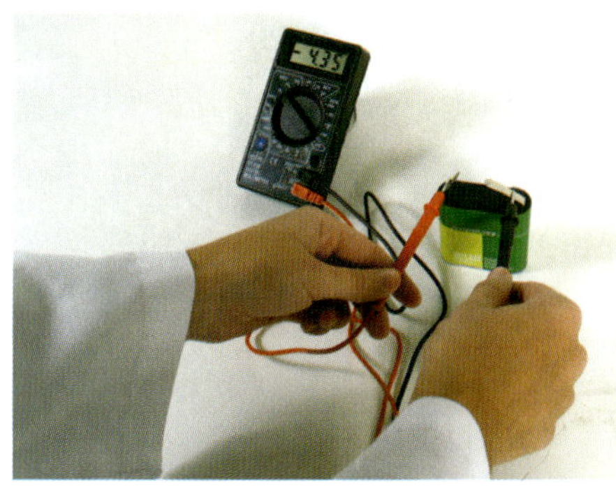

Fig. 19. Manera de utilizar el polímetro.

ACTIVIDADES

15. Calcula la resistencia de una espiral de acero si, al conectarla a una pila de petaca de 4,5 voltios, el polímetro indica una corriente de 0,15 amperios.

16. Determina el voltaje de una pila si sabemos que, al conectarla a una resistencia de 45 ohmios, la intensidad de corriente que circula por el circuito es de 0,2 amperios.

17. Calcula la intensidad de corriente que circula por una lámpara de 20 ohmios de resistencia conectada a una pila de 1,5 voltios.

18. Determina el voltaje que ha de proporcionar una pila para que, al conectarla a una resistencia de 30 ohmios, la intensidad de corriente sea de 0,3 amperios.

19. Calcula la resistencia de una lámpara conectada a una pila de 4,5 voltios si la intensidad de corriente que circula por ella es de 0,9 amperios.

20. Al sustituir en un circuito una lámpara fundida por otra nueva, observamos que ésta luce con menos intensidad. Razona a qué puede ser debido.

4. Representación de circuitos

El mejor modo de representar un circuito eléctrico es utilizar un *esquema eléctrico.* Para ello, es necesario representar los elementos de un circuito mediante *símbolos.*

> Un **esquema eléctrico** es una representación de un circuito eléctrico en la que se emplean **símbolos** normalizados para cada uno de los operadores.

4.1. Símbolos eléctricos

Según han ido apareciendo los operadores eléctricos a lo largo de la unidad, hemos introducido algunos *símbolos.* Pero faltan otros.

Para que te resulte más fácil consultarlos y utilizarlos, los hemos resumido en el cuadro siguiente.

SÍMBOLOS ELÉCTRICOS							
ELEMENTO	SÍMBOLO	ELEMENTO	SÍMBOLO	ELEMENTO	SÍMBOLO	ELEMENTO	SÍMBOLO
Pila	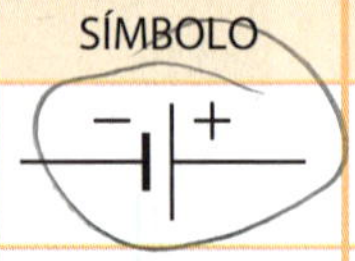	Cruce con conexión		Resistencia	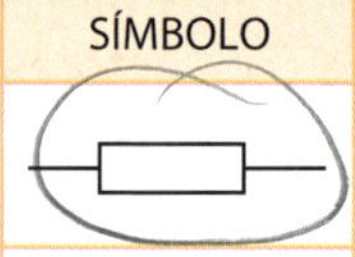	Interruptor	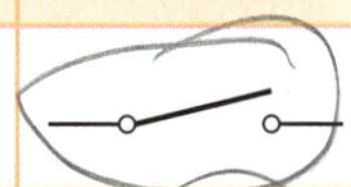
Asociación de pilas o batería	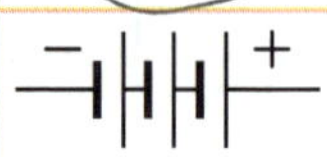	Nudo o derivación	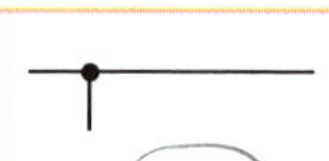	Clavija	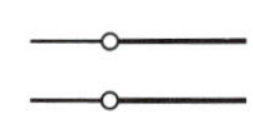	Pulsador	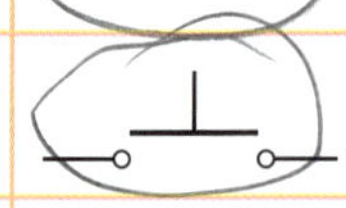
Conductor		Lámpara	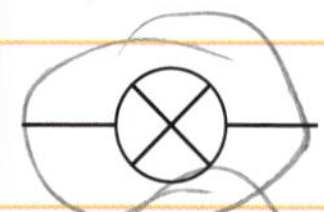	Base de enchufe	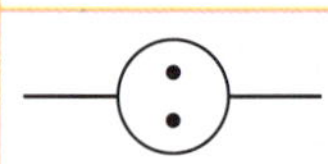	Conmutador de dos posiciones	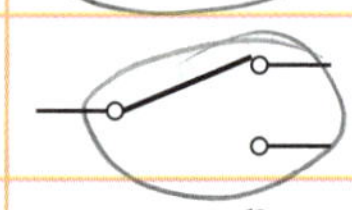
Cruce sin conexión	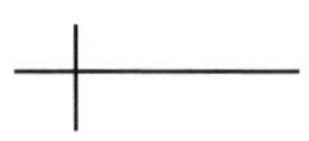	Motor	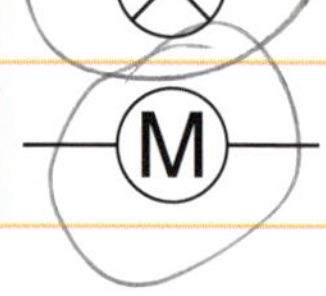	Fusible	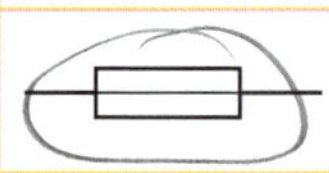	Conmutador de tres posiciones	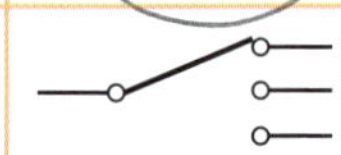

4.2. Esquemas eléctricos

Para dibujar un **esquema eléctrico,** basta unir los símbolos de los diferentes operadores que lo forman por medio del símbolo del *conductor* y respetar algunas *normas elementales.*

El esquema debe corresponder fielmente a las características del circuito que se representa (fig. 20).

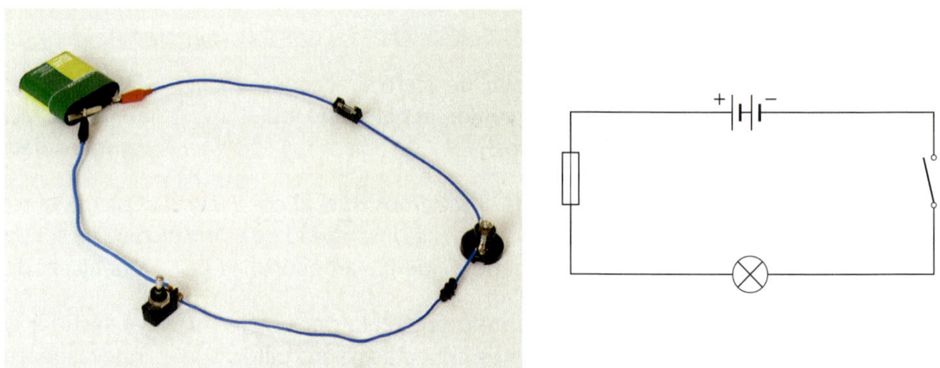

Fig. 20. Circuito elemental y esquema normalizado.

Confección de un esquema eléctrico

Fíjate en la manera de confeccionar el esquema eléctrico que aparece en la página anterior.

— Comienza dibujando un rectángulo sobre papel cuadriculado con la ayuda de un lápiz (fig. 21).

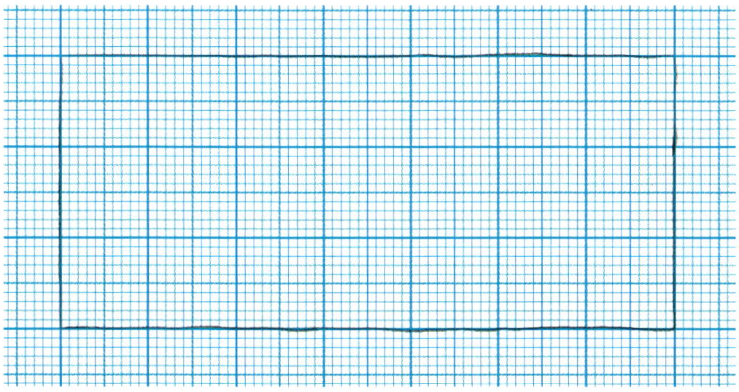

Fig. 21

— Sitúa los símbolos de los generadores y de los receptores en lados opuestos (fig. 22).

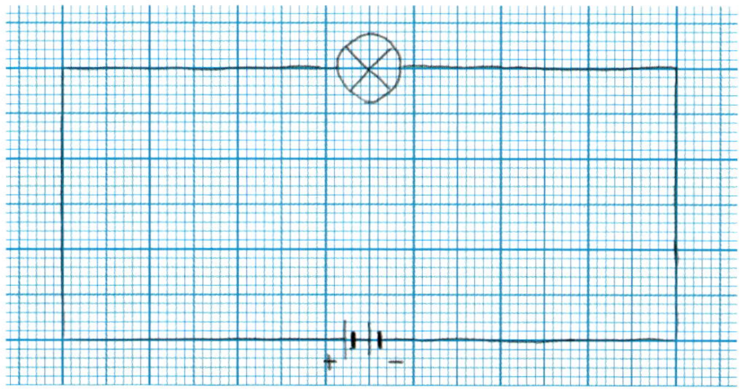

Fig. 22

— Sitúa los símbolos de los elementos de control y de protección en cada uno de los conductores que salen del generador (fig. 23).

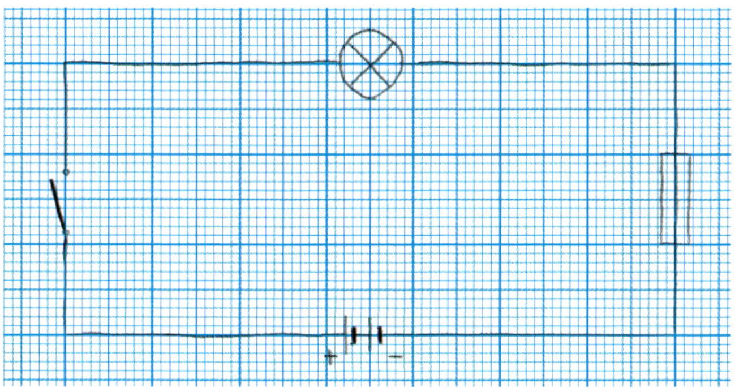

Fig. 23

— Repasa con rotulador negro los símbolos de los elementos y los conductores (fig. 24).

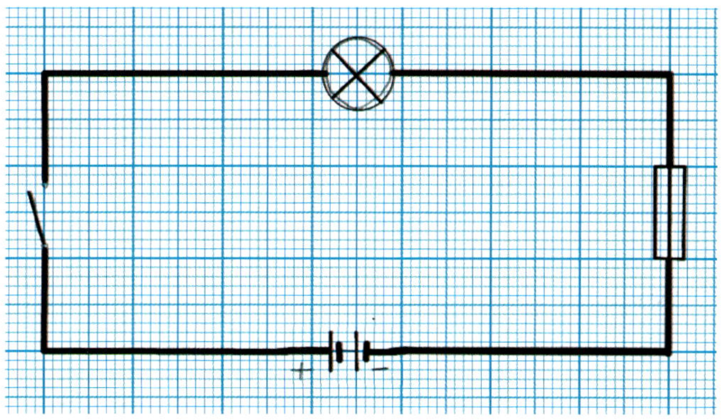

Fig. 24

21. Completa en tu cuaderno la tabla de símbolos eléctricos que aparece a continuación.

SÍMBOLOS ELÉCTRICOS							
ELEMENTO	SÍMBOLO	ELEMENTO	SÍMBOLO	ELEMENTO	SÍMBOLO	ELEMENTO	SÍMBOLO
Pila				Resistencia			
		Nudo o derivación			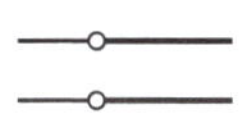	Pulsador	
Conductor			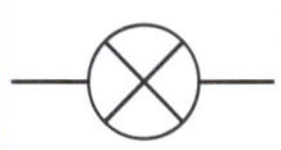	Base de enchufe			
		Motor			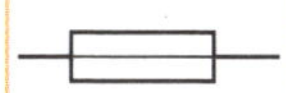	Conmutador de tres posiciones	

22. Dibuja el esquema de un circuito elemental formado por una batería de tres pilas, un motor, un interruptor y un fusible.

ACORDARME DEL 6 PÁG 168

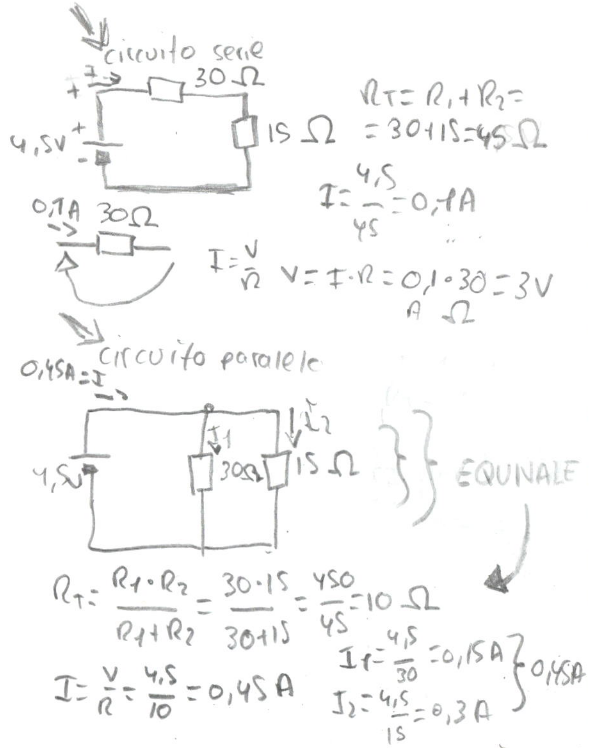

4.3. Tipos de circuitos

Cuando un circuito eléctrico dispone de varios operadores, éstos se pueden conectar de dos formas básicas: en **serie** y en **paralelo.**

También es posible una combinación de ambas formas, con lo que se obtiene un circuito **mixto.**

Conexiones en serie

En este tipo de circuitos la corriente eléctrica *sólo tiene un camino para recorrer,* que pasa a través de todos los operadores.

El principal inconveniente de este tipo de circuitos es que, si uno de los receptores deja de funcionar, se interrumpe el paso de corriente por todo el circuito, ya que ésta no tiene ningún camino alternativo por donde circular.

Distinguiremos entre conexión de *generadores en serie* y conexión de *receptores en serie.*

Para conectar **generadores en serie,** el polo positivo de uno se conecta al negativo del siguiente. La única condición es que todos han de tener *la misma tensión* V (fig. 25).

En estas condiciones, la *tensión de salida* ***V*** es la suma de las tensiones de cada uno de los generadores.

$$\boldsymbol{V} = V_1 + V_2 = 2\,\text{V}$$

De esta manera, se consigue *aumentar la intensidad de corriente* que circula por los receptores, pero *el tiempo de funcionamiento es el mismo* que si conectáramos una única pila al circuito.

Si se trata de **receptores en serie,** se conectan uno a continuación del otro, ya que en éstos no hay distinción entre el polo positivo y el negativo (fig. 26).

La *intensidad de corriente* ***I*** es la misma en cualquier punto del circuito:

La *diferencia de potencial* ***V*** del generador se reparte entre los receptores:

$$\boldsymbol{V} = V_1 + V_2 + V_3$$

La *resistencia total* ***R*** es la suma de las resistencias de los operadores:

$$\boldsymbol{R} = R_1 + R_2 + R_3$$

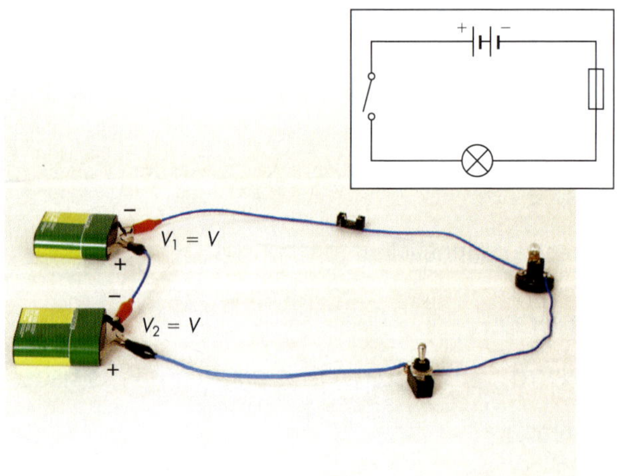

Fig. 25

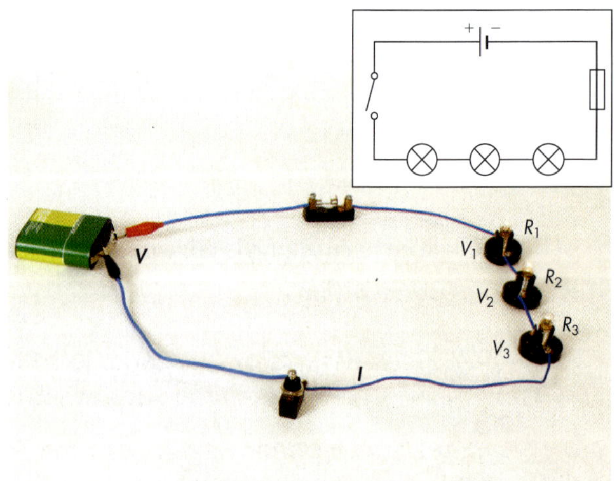

Fig. 26

ACTIVIDADES

23. Un circuito dispone de un generador y dos receptores conectados en serie.

a) Explica qué le pasará a uno de los receptores si se interrumpe el paso de corriente por el otro.

b) Si cerramos el circuito y la intensidad que pasa por el primer receptor es de 0,5 A, ¿cuál será la intensidad que circulará por el segundo receptor? Justifica tu respuesta.

24. Dibuja el esquema de un circuito con tres generadores y dos lámparas conectados en serie.

Conexiones en paralelo

$I = \frac{V}{R}$
I: intensidad de corriente (A: amperios)
R: resistencia (Ω: ohmios)
V: voltios

En este caso, todos los operadores están conectados a los mismos puntos del circuito, de modo que la corriente eléctrica *tiene que distribuirse por varios caminos alternativos.* Estos puntos se denominan **nudos** de la red.

La ventaja de este sistema de conexión frente a la conexión en serie es que, si uno de los receptores deja de funcionar, la corriente se reparte entre los demás y el circuito sigue cerrado.

Como en el caso anterior, distinguiremos entre conexión de *generadores en paralelo* y conexión de *receptores en paralelo.*

Para conectar **generadores en paralelo** (fig. 27), se han de unir entre sí todos los polos positivos y todos los polos negativos de cada uno de ellos.

Como en el caso anterior, todos los generadores han de tener *la misma tensión* V.

En estas condiciones, la *tensión de salida* **V** es la misma que la de uno de ellos.

$$\boldsymbol{V} = V_1 = V_2$$

De esta manera, *la intensidad de corriente* **I** *es la misma* en todo el circuito, pero *el tiempo de funcionamiento es proporcional al número de generadores* conectados.

En el caso de **receptores en paralelo** (fig. 28), la *intensidad total* **I** es la suma de las intensidades que circulan por cada receptor:

$$\boldsymbol{I} = I_1 + I_2 + I_3$$

La *diferencia de potencial* **V** es la misma en todos los receptores.

La *resistencia total* **R** es menor que la de uno solo de los receptores. Para obtenerla, hay que aplicar la siguiente fórmula matemática.

$$\frac{1}{\boldsymbol{R}} = \frac{1}{R_1} + \frac{1}{R_2} + \frac{1}{R_3}$$

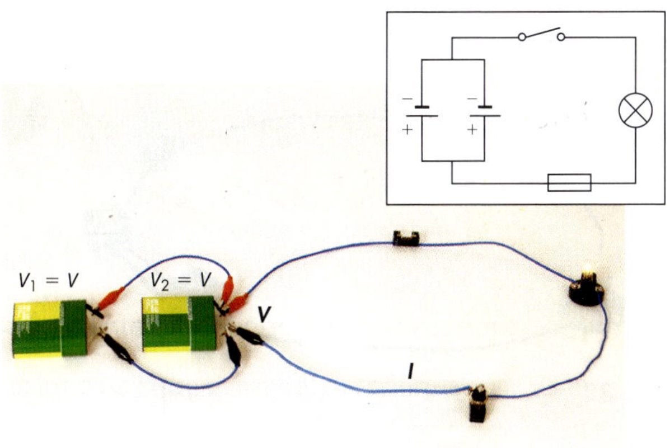

Fig. 27

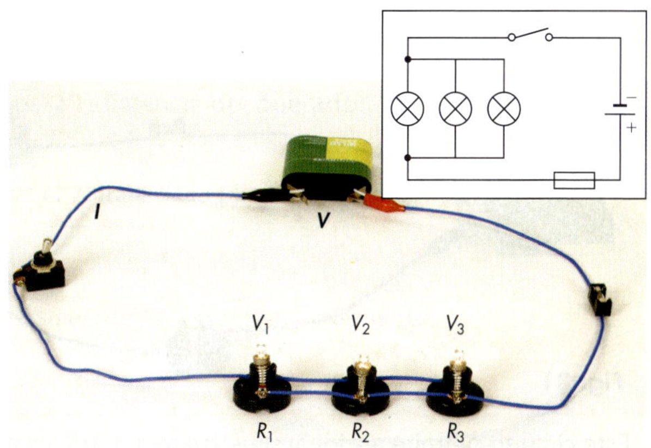

Fig. 28

Conexiones mixtas

En cualquier circuito es posible combinar la conexión de operadores de modo que se obtenga un circuito denominado **circuito serie-paralelo.**

Los operadores se comportan según su forma de conexión, tal y como hemos indicado en los párrafos anteriores.

ACTIVIDADES

25. Un circuito dispone de un generador y dos receptores conectados en paralelo.

a) Explica qué le pasará a uno de los receptores si se interrumpe el paso de corriente por el otro.

b) Si cerramos el circuito y la tensión que soporta uno de los receptores es de 12 V, ¿cuál será la tensión que soportará el otro receptor? Justifica tu respuesta.

26. Dibuja el esquema de un circuito con tres generadores y dos lámparas conectados en paralelo.

El simulador Edison

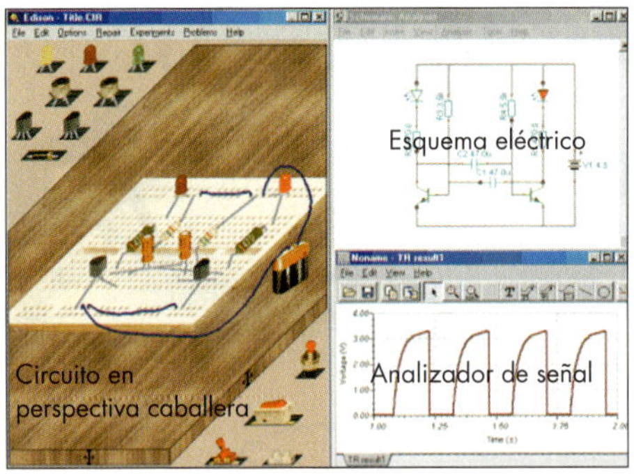

Edison es un software propietario desarrollado por la empresa **DesignSoft** que dispone de un analizador y un simulador de circuitos en tiempo real. Tiene una interfaz de usuario en el que se representan simultáneamente el *circuito* y sus componentes en perspectiva caballera, su *esquema* y la pantalla de los instrumentos dedicados al *análisis de la señal*.

La dirección electrónica de la empresa es:

www.designsoftware.com/home/Spanish/

Accediendo a ella, podemos descargarnos una versión *demo* o bien adquirir el software de la versión completa. Utilizando cualquiera de las dos versiones, te proponemos la realización de algunas actividades.

32. Confecciona un circuito en serie con cuatro resistencias de 10 Ω, 10 Ω, 100 Ω y 100 Ω respectivamente. Para ello, procede del modo siguiente:

— Busca el símbolo de la resistencia en el ángulo superior izquierdo, haz clic sobre ella y arrástrala hasta el tablero.

— Repite el proceso hasta obtener cuatro resistencias. Observa que, por defecto, todas tienen un valor de 100 Ω.

— Modifica el valor óhmico de dos de ellas. Para ello, haz un doble clic sobre cada una y, en el cuadro de diálogo que se abre, marca 10 Ω (fig. 37).

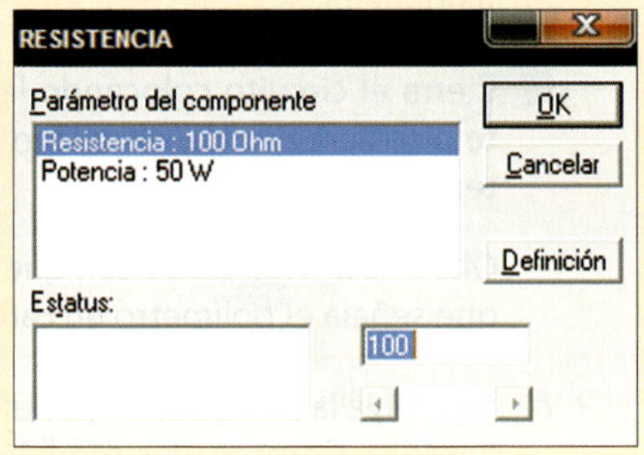

Fig. 37

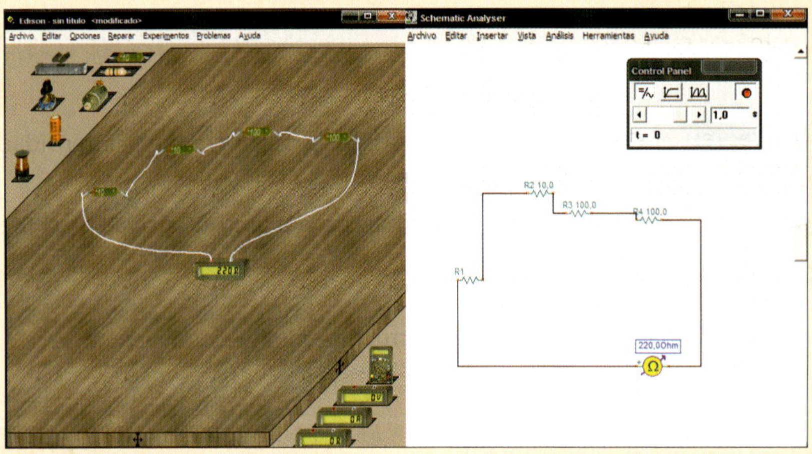

Fig. 38

— Conecta las resistencias en serie e inserta también un óhmetro. Observa el valor que indica, tanto en el circuito como en el esquema (fig. 38).

— Recuerda cómo se calcula el valor de la resistencia equivalente en el caso de resistencias en serie y justifica el resultado.

33. Confecciona otro circuito en serie-paralelo con seis resistencias de 50 Ω y 100 Ω dispuestas como se observa en la figura 39. Procede del mismo modo que hemos indicado en la actividad anterior.

— Observa el valor que indica el óhmetro y justifica el resultado, teniendo en cuenta el modo de calcular la resistencia equivalente en el caso de resistencias en serie y en el caso de resistencias en paralelo.

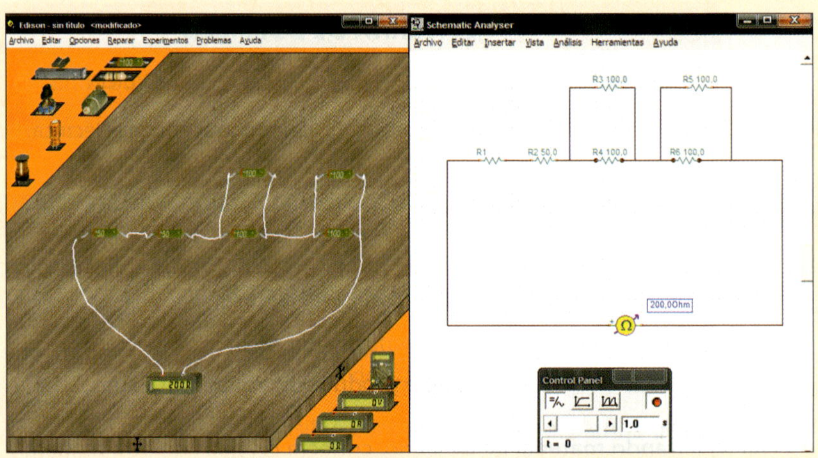

Fig. 39

34. Confecciona un circuito sencillo con una lámpara, un interruptor y una fuente de alimentación.

— En primer lugar, arrastra hasta el tablero la fuente de alimentación y ajusta su valor a 5,2 V. Para ello, haz un doble clic sobre ella y completa el cuadro de diálogo que se abre (fig. 40).

— Completa el circuito con una lámpara y un interruptor. Conéctalos en serie y observa el resultado tanto en el circuito como en el esquema (fig. 41).

Fig. 40

Fig. 41

— Modifica el voltaje de la fuente de alimentación hasta que la lámpara no soporte la tensión y se funda. cuando esto ocurra, repárala utilizando el menú que ofrece la aplicación (fig. 42).

Fig. 42

35. Monta ahora un circuito con una pila de 9 V y tres resistencias en serie.

— Modifica el valor óhmico de la resistencias, tal y como se indica en la actividad 32, y asígnales valores de 1 KΩ, 2 KΩ y 1 KΩ, respectivamente.

— Inserta un polímetro, ajusta los selectores y determina la tensión a que está sometido el circuito (fig. 43).

— Ajusta de nuevo los selectores y determina ahora la resistencia total. Justifica el valor que obtienes (fig. 44).

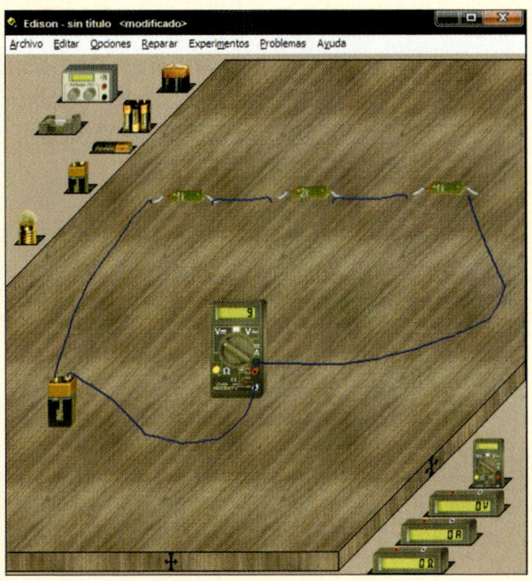

Fig. 43

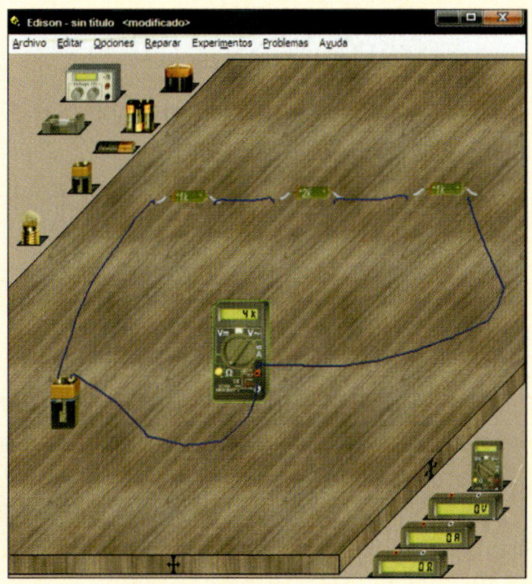

Fig. 44

36. Experimenta libremente con el simulador.

— Monta diferentes circuitos con distintos componentes (en serie, en paralelo y mixtos), inserta dispositivos de medida, modifica los valores nominales de los componentes y justifica los resultados que se obtienen.

La electricidad

37. Analiza las frases siguientes e indica si son verdaderas o falsas. Corrige las que sean falsas.

a) Un átomo, en estado normal, tiene el mismo número de protones que de electrones.

b) Los protones tienen carga eléctrica negativa.

c) En determinadas circunstancias, los electrones se pueden mover.

d) El vidrio en un material conductor.

e) En la corriente alterna, los electrones se mueven siempre en el mismo sentido.

38. Completa las frases:

a) Un material está cargado negativamente cuando ...

b) Si aproximamos cargas eléctricas del mismo signo, se ...

c) Si aproximamos cargas eléctricas de signo contrario, se ...

d) Un material se llama conductor cuando ...

e) La corriente que se obtiene a partir de una pila se denomina ...

Operadores eléctricos

39. Analiza las frases siguientes e indica si son verdaderas o falsas. Corrige las que sean falsas.

a) Los elementos de control transforman la energía eléctrica en otras formas de energía.

b) Los generadores producen energía eléctrica a partir de otras formas de energía.

c) Los conductores permiten o impiden el paso de la corriente hasta los receptores.

d) Los receptores permiten manipular de forma voluntaria el paso de la corriente.

e) Los conectores protegen la instalación contra sobrecargas y cortocircuitos.

Control de circuitos

40. Completa el cuadro siguiente en tu cuaderno con la información relativa a las magnitudes eléctricas básicas.

MAGNITUDES ELÉCTRICAS		
MAGNITUD Y ABREVIATURA	DEFINICIÓN	UNIDAD Y ABREVIATURA
....	....	....
....	....	....
....	....	....

41. Aplica la ley de Ohm para determinar la magnitud que falta en cada caso.

a) La intensidad de corriente que circula por una resistencia de 5 ohmios cuando está sometida a una tensión de 9 voltios.

b) El voltaje al que debe someterse una lámpara de 12 ohmios de resistencia para que luzca con una intensidad de 0,5 amperios.

c) La resistencia de un conductor, sometido a una tensión de 4,5 voltios, por el que circula una corriente de 0,3 amperios de intensidad.

Representación de circuitos

42. Explica qué diferencia hay entre un circuito abierto y un circuito cerrado.

a) Dibuja el esquema de un circuito elemental provisto de generador, receptor, interruptor y fusible de modo que esté abierto.

b) Vuelve a dibujar el esquema del mismo circuito, de modo que ahora aparezca cerrado.

c) Compara los dos esquemas. ¿Qué elemento se ha modificado?

43. Dibuja, en cada caso, el esquema del circuito que contiene los elementos indicados y funciona según las especificaciones que se señalan.

a) Una pila y tres lámparas conectadas en paralelo provistas de interruptores, de modo que puedan ser activadas de forma independiente.

b) Dos pilas conectadas en serie y dos lámparas conectadas en paralelo. Un conmutador permite accionar alternativamente cada una de las lámparas.

c) Una pila y tres lámparas: dos conectadas en serie y la tercera, en paralelo con las otras dos. Se debe poder activar alternativamente la lámpara en paralelo o las dos en serie.

44. Observa el circuito de la figura 45 y calcula:

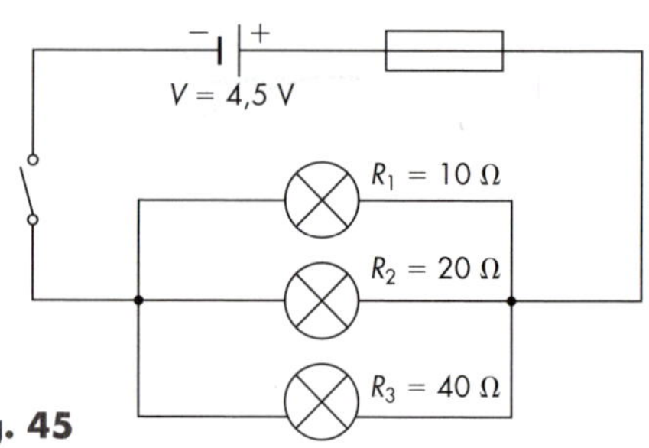

Fig. 45

a) La resistencia equivalente a las tres lámparas.

b) La intensidad total que soporta el circuito.

c) La intensidad de corriente que circula por cada una de las tres lámparas.

45. **R** Reproduce en tu libreta el cuadro siguiente y complétalo con la información que falta. Sigue el modelo.

OPERADORES ELÉCTRICOS	
OPERADOR	CARACTERÍSTICAS
Base de enchufe	Es un conector. Facilita la conexión del receptor a la red de alimentación.
Cable	....
Clavija	....
Conmutador	....
Dinamo	....
Fusible	....
Interruptor	....
Lámpara	....
Motor	....
Pila	....
Pulsador	....
Regleta	....

46. **A** Reproduce en tu cuaderno el esquema que aparece en la figura 46 y responde las cuestiones que se plantean.

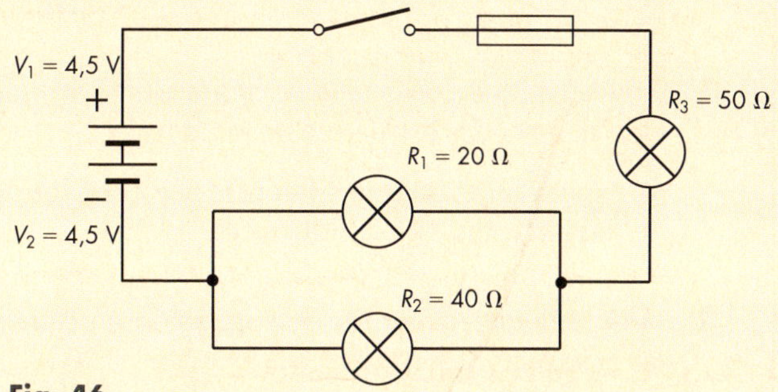

Fig. 46

a) ¿Se trata de un circuito serie, un circuito paralelo o un circuito serie-paralelo? Justifica tu respuesta.

b) ¿Cómo están conectados entre sí los generadores? ¿Cuál es la tensión total que actúa sobre el circuito?

c) ¿De qué forma están montadas las lámparas?

d) ¿Qué ocurrirá con las otras dos lámparas si se funde la lámpara 1? ¿Y si se funde la lámpara 2? ¿Y si se funde la 3?

e) Razona si la resistencia total del circuito será mayor, igual o menor que la suma de las resistencias de las lámparas.

SÍNTESIS

47. Completa en tu cuaderno el mapa conceptual con los principales contenidos de la unidad.

LA ELECTRICIDAD

- es consecuencia de **La estructura de la** ....
  - formada por
    - Protones
    - ....
    - ....
  - que se manifiesta en forma de **Corriente** ....
    - que puede ser
      - **Continua**
      - ....
- circula a través de un **Circuito** ....
  - en el que se definen **Magnitudes eléctricas**
    - ....
    - Intensidad
    - ....
    - relacionadas entre sí por la **Ley de** ....
    - y que se miden con ayuda del **Polímetro**
  - formado por ....
    - Generadores
    - ....
    - ....
    - Conectores
    - ....
    - ....
    - que se representan mediante ....
  - que pueden ser de diferentes **Tipos**
    - En serie
    - ....
    - ....
    - y se representan mediante Esquemas
      - en los que se utilizan

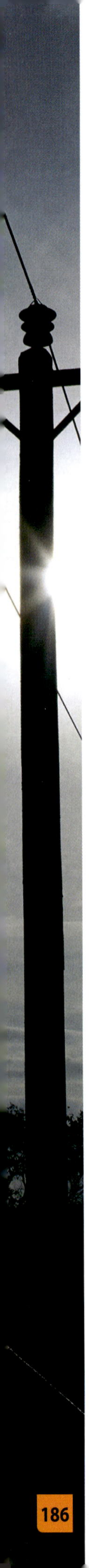

EVALUACIÓN

1. Explica en qué consiste la corriente eléctrica y qué relación tiene con la estructura de los átomos.

— Explica también qué diferencia hay entre los materiales aislantes y los conductores.

2. Relaciona los elementos que aparecen en cada una de las columnas.

a) Generador	1. Base de enchufe
	2. Cable
	3. Clavija
b) Conductor	4. Conector faston
	5. Conmutador
	6. Dinamo
c) Receptor	7. Fusible
	8. Hilo
	9. Interruptor
d) Conector	10. Lámpara
	11. Motor
	12. Pila
e) Elemento de protección	13. Pinzas de cocodrilo
	14. Portalámparas
	15. Portapilas
	16. Pulsador
f) Elemento de control	17. Regleta de empalme

— Cuando hayas terminado, indica la función que desempeña cada operador en el circuito.

a. Generador → 6. Dinamo. Dispositivo capaz de generar energía eléctrica a partir de energía mecánica.

3. Observa el circuito de la figura 47 y determina:

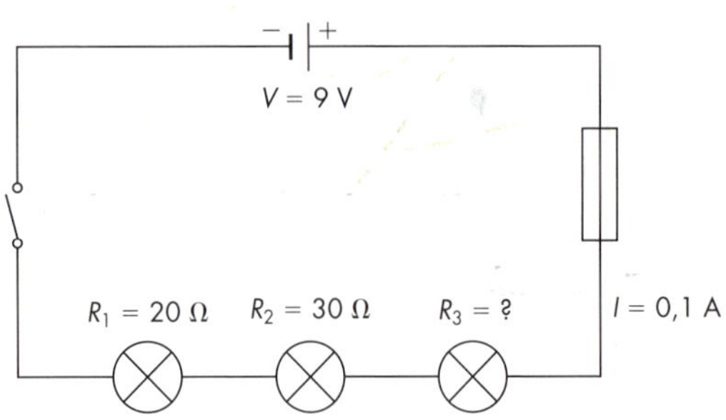

Fig. 47

a) El valor óhmico de la resistencia R_3.

b) La resistencia equivalente a las tres lámparas.

4. Indica qué ventajas y qué inconvenientes tiene montar pilas en serie o en paralelo en relación con la *diferencia de potencial*, la *intensidad de corriente* y la *duración de las pilas.*

5. Dibuja el esquema eléctrico de un circuito que dispone de dos pilas de 4,5 voltios conectadas en serie y tres lámparas de 50 ohmios conectadas en paralelo.

Una vez confeccionado, responde a las cuestiones siguientes.

a) Calcula la resistencia total del circuito.

b) Determina la intensidad de corriente que sale del generador. Utiliza la ley de Ohm.

c) Razona qué intensidad de corriente circulará por cada una de las lámparas.

6. Analiza el esquema de la figura 48 y responde:

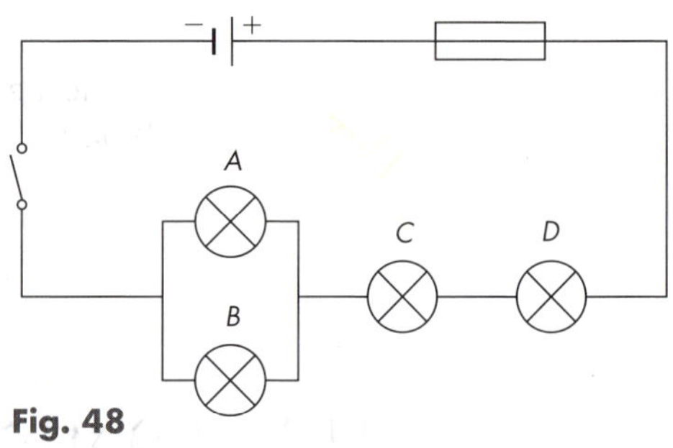

Fig. 48

a) ¿Qué ocurrirá cuando accionemos el interruptor?

se encienden todas

b) Si se funde una de las lámparas, ¿qué ocurrirá con las otras tres? Depende de ~~cuando~~ se funda cual

c) ¿Qué tensión soporta cada lámpara si tienen el mismo valor óhmico y la tensión de salida de la pila es 4,5 V?

7. Analiza el esquema de la figura 49 y responde:

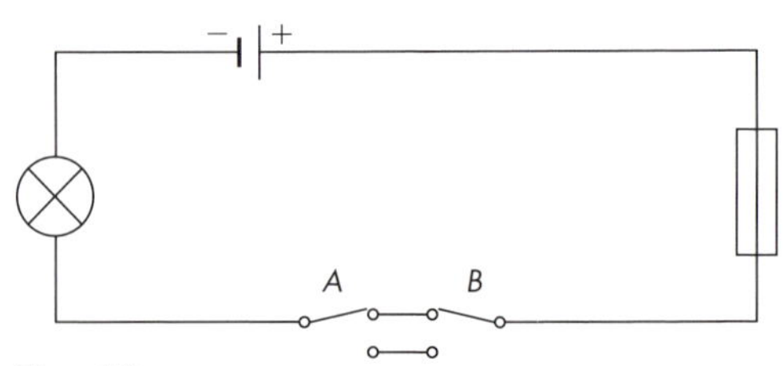

Fig. 49

a) ¿Cómo se comporta el circuito si los conmutadores se encuentran tal y como señala el esquema?

b) ¿Qué ocurrirá si accionamos el conmutador *A?*

c) Si la lámpara está encendida, ¿podemos apagarla desde cualquier conmutador o hay que accionar uno determinado? Justifica tu respuesta.

CURIOSIDADES

La pila de Volta

El primer generador de energía eléctrica fue fabricado el 20 de marzo de 1800 por el físico italiano Alessandro **Volta** (1754-1827).

Consistía en una columna cilíndrica formada por numerosos discos de dos metales distintos, *cobre* y *cinc*, alternados y separados por paños impregnados con *aceite de vitriolo* diluido (sustancia que actualmente se conoce con el nombre de *ácido sulfúrico).*

En realidad, se trataba de una asociación de pilas en serie, ya que cada par de discos cobre-cinc, denominado *par electromotor,* era capaz de generar una pequeña cantidad de energía eléctrica.

El conjunto se colocaba en una estructura de madera y los discos se mantenían en su interior gracias a unas varillas de vidrio.

Al unir el extremo superior de la pila (cargado positivamente) con el inferior (cargado negativamente), se producía una descarga eléctrica.

El diseño de esta pila fue pronto modificado, pero el principio de funcionamiento sigue siendo el mismo en la actualidad.

MINI WEBQUEST

Amperios, voltios, ohmios... son algunos de los nombres que reciben las unidades con las que se miden las magnitudes eléctricas.

¿Quieres saber de dónde proceden? Navega por la red y averigua:

— Quiénes fueron Ampère, Volta y Ohm y qué descubrimientos aportaron a la ciencia.

— Qué aportaron también científicos como Coulomb, Faraday y Watt y qué unidades eléctricas recibieron su nombre.

Aquí tienes algunas direcciones útiles:

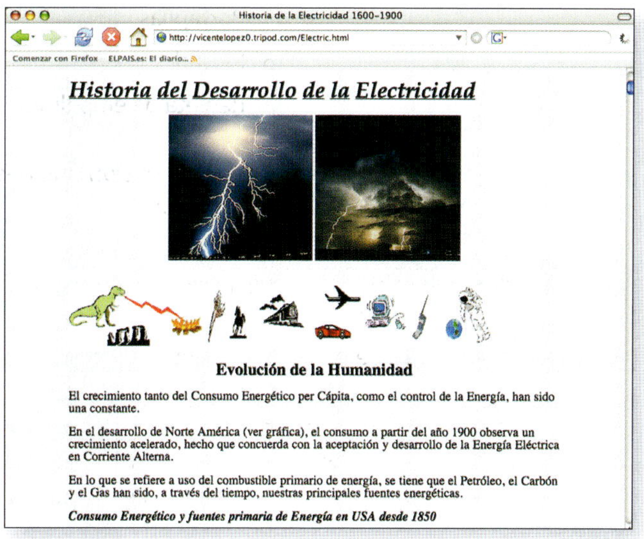

http://vicentelopez0.tripod.com/Electric.html

es.wikipedia.org/wiki/André-Marie_Ampère

es.wikipedia.org/wiki/Alessandro_Volta

es.wikipedia.org/wiki/Georg_Simon_Ohm

www.edenorchicos.com.ar/edenorchicos/jsp/paginas/galeria.jsp

www.mupe.org/elect/histo.html

9

Informática elemental

¿Te has parado a pensar alguna vez en cuántos aspectos de nuestra vida cotidiana está presente la informática?

Hoy día, los ordenadores son capaces de hacerlo casi todo: desde tareas sencillas y cotidianas como escribir o dibujar, hasta complejas operaciones como controlar el tráfico aéreo, gestionar el funcionamiento de unos grandes almacenes, editar un periódico o realizar análisis de sangre.

Pero ¿qué es la informática? Entra en la unidad y lo descubrirás.

CONTENIDOS

HARDWARE DE UN ORDENADOR
Cabezal lector de disco duro

PREPARACIÓN DE LA UNIDAD

- Recuerda todos los dispositivos que forman parte de un sistema informático y señala su función. Sigue el modelo.

  Teclado: *contiene teclas de letras, de números y de otras funciones y permite introducir textos, cálculos e instrucciones en el ordenador.*

- Indica tareas cotidianas para las que pueda resultar útil el uso de un ordenador.

  Por ejemplo: *presentar trabajos escolares que contengan textos e imágenes.*

- ¿Sabes qué es un *bit?* ¿Y un *byte?* ¿Qué relación tienen estos dos términos entre sí?

- En el sistema internacional de unidades (SI), el prefijo *kilo-* equivale a mil veces la unidad base. Así, un kilogramo (kg) equivale a mil gramos.

  Pero en el lenguaje informático no es igual. ¿Sabes a cuántos bytes equivale un *kilobyte* (kB)? ¿Y un *megabyte* (MB)? ¿Y un *gigabyte* (GB)?

  — Busca información y explica por qué.

COMPETENCIAS BÁSICAS

Competencia en el conocimiento y la interacción con el mundo físico

- Identificar los componentes de un ordenador y conocer su función dentro del sistema.
- Diferenciar los tipos de programas que componen el *software* de un sistema informático.

Competencia para aprender a aprender

- Reconocer la importancia y la utilidad de la informática para muchas actividades de la vida cotidiana.

Autonomía e iniciativa personal

- Utilizar el entorno Windows y reconocer su utilidad y su sencillez de manejo.
- Realizar tareas sencillas de mantenimiento del sistema operativo.

1. Qué es la informática

Los seres humanos tenemos necesidad de comunicarnos por medio de mensajes y códigos de diferente tipo. Esta **comunicación** supone el *manejo de datos,* su *tratamiento* y su *transmisión* de modo que resulten comprensibles.

Vamos a fijarnos ahora en el **tratamiento de la información.** Históricamente se ha llevado a cabo de forma *manual,* utilizando medios *mecánicos* y, recientemente, de forma *automática.*

El tratamiento **manual** es el más antiguo. Utiliza soportes convencionales, como la *piedra,* el *papiro* o el *papel,* y máquinas de calcular rudimentarias, como el *ábaco* (fig. 1).

Fig. 1

El tratamiento **mecánico** se desarrolló a partir de la invención de la imprenta. Emplea básicamente el soporte *papel* y utiliza *máquinas de escribir* (fig. 2) y *calculadoras mecánicas.*

Fig. 2

El tratamiento **automático** es característico de la época actual. Utiliza *medios electrónicos* y *soportes audiovisuales* y se desarrolla gracias a la aparición de los *ordenadores* (fig. 3).

Fig. 3

Precisamente la necesidad de tratar la información de forma cada vez más eficiente ha dado origen a la aparición de una nueva ciencia: la *informática.*

> La **informática** es una ciencia instrumental que estudia el tratamiento automático de la información por medio de sistemas mecánicos, eléctricos y electrónicos.

Estos sistemas llevan a cabo su trabajo en tres **fases:** *entrada, proceso* y *salida.*

ENTRADA		PROCESO		SALIDA
Recepción de datos	→	Operaciones sobre los datos	→	Transmisión de información

- La **entrada** supone la *recepción de los datos* que se van a utilizar.
- El **proceso** es el conjunto de *operaciones* a las que se someten los datos para obtener de ellos la información necesaria.
- La **salida** es la *transmisión de la información*, una vez elaborada.

Los ordenadores utilizan diferentes *dispositivos* para cada una de estas fases. Los conoceremos más a fondo a lo largo de esta unidad.

ACTIVIDADES

1. Formad un grupo de trabajo, reflexionad y elaborad una lista de diferentes formas de tratar la información a lo largo de la historia.

— Clasificadlas según el tipo de tratamiento aplicado en cada caso. Por ejemplo: *los egipcios escribían sobre papiro (tratamiento manual).*

2. Clasifica las acciones siguientes según la fase del tratamiento de la información a la que correspondan.

a) La edición de un periódico escolar.

b) La realización de una encuesta entre los compañeros de la clase.

c) El cálculo del coste del material de tecnología.

1.1. Historia de la informática

En 1843, los británicos Charles **Babbage** y Ada **Byron** desarrollaron los principios teóricos de una máquina de calcular. Este trabajo es considerado como el *primer programa de ordenador de la historia.*

Pero habrá que esperar más de cien años hasta que, en 1944, el estadounidense de origen húngaro John **von Neumann** construya el primer ordenador que funcionaba con un programa instalado en su memoria: el **EDVAC** *(**E**lectronic **D**iscrete **V**ariable **A**utomatic **C**omputer).*

A partir de esta fecha, en el desarrollo de la informática podemos distinguir cinco generaciones o **etapas.**

Primera etapa: 1946-1958

Los ordenadores funcionaban por medio de *válvulas electrónicas.* Se trataba de máquinas de grandes dimensiones, muy costosas y que consumían gran cantidad de energía (fig. 4). La entrada y salida de los datos se efectuaba mediante *cintas perforadas.*

Fig. 4

Segunda etapa: 1958-1964

El componente básico de los ordenadores pasa a ser el *transistor*, lo que redujo considerablemente su tamaño (fig. 5). La información se almacenaba en *cintas y discos magnéticos.* En esta época aparecen los primeros *lenguajes de programación*.

Fig. 5

Tercera etapa: 1964-1970

Se incorporan los *circuitos integrados o chips* a los ordenadores. El almacenamiento de la información se realiza en *discos flexibles de 5 1/4 pulgadas* (fig. 6). Se mejoran los lenguajes de programación y aparecen los *programas de utilidades*.

Fig. 6

Cuarta etapa: 1970-1981

Se aplica el *microprocesador* a los ordenadores y se comienza a emplear *materiales semiconductores* en las unidades de memoria. Aparecen los primeros modelos de *ordenadores domésticos:* los programas se almacenaban en cintas de casete convencionales y algunos modelos se podían conectar al televisor (fig. 7).

Fig. 7

Quinta etapa: 1981-nuestros días

En 1981, la empresa **IBM** lanza al mercado el primer ordenador personal que se identifica con las siglas **PC** *(Personal Computer).* Con él aparecen los ordenadores actuales y diferentes soportes de memoria de capacidad cada vez mayor: discos flexibles de 3,5", discos ópticos, unidades ZIP, CD-ROM, DVD, memorias *flash*, *blu-ray*, etc. (fig. 8).

Fig. 8

ACTIVIDADES

3. Confeccionad, en equipo, un mural sobre papel continuo en el que se represente un friso cronológico con las etapas de la historia de la informática.

— Señalad, en cada etapa, sus rasgos más destacados y, si es posible, ilustradlas con imágenes: fotografías, dibujos, folletos, etc.

2. El ordenador

La herramienta básica que se emplea en informática es el *ordenador.*

El **ordenador** es una máquina electrónica que *recibe datos* del exterior, los *manipula* en su interior de forma aritmética o lógica y, finalmente, *presenta los resultados* de nuevo al exterior.

Todos los procesos internos del ordenador se llevan a cabo de acuerdo con un *programa informático* establecido.

Un **programa informático** es un plan para resolver los problemas aritméticos o lógicos que plantea el tratamiento de los datos que se introducen en el ordenador.

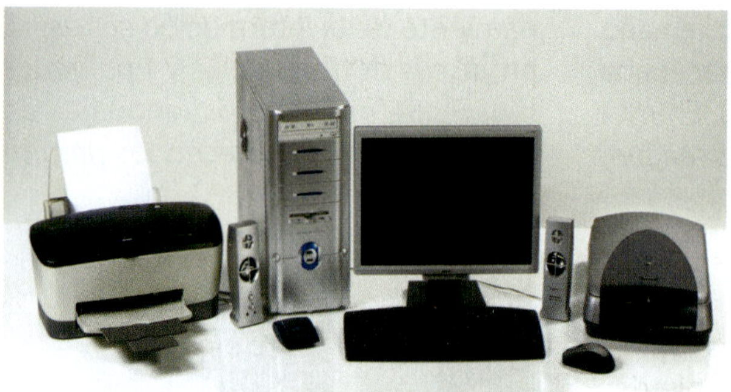

Fig. 9. El *hardware* de un ordenador está compuesto por diferentes dispositivos.

Todo ordenador está compuesto por dos partes fundamentales: el *hardware o soporte físico* y el *software o soporte lógico.*

- El ***hardware*, o soporte físico,** es el conjunto de dispositivos que constituyen la arquitectura del ordenador. La palabra inglesa *hardware* significa 'parte dura', esto es, la que se puede ver y tocar (fig. 9).
- El ***software*, o soporte lógico,** es el conjunto de programas que permiten que el ordenador funcione. La palabra inglesa *software* significa 'parte blanda', es decir, la que no se puede ver ni tocar.

A continuación, analizaremos con detalle cada una de estas partes.

2.1. El *hardware* o soporte físico

El funcionamiento de un ordenador sería imposible sin una serie de componentes físicos sobre los que se realiza su trabajo.

Los diversos soportes mecánicos, eléctricos y electrónicos de que dispone un ordenador y los aparatos que se conectan a él pueden clasificarse en dos grupos: la *unidad central de proceso o CPU,* y los *periféricos.* A su vez, en cada uno de ellos distinguimos diferentes elementos y dispositivos, tal y como se muestra en el cuadro siguiente.

***HARDWARE* O SOPORTE FÍSICO**			
UNIDAD CENTRAL DE PROCESO	PERIFÉRICOS		
	DE ENTRADA	DE SALIDA	DE ENTRADA/SALIDA
Microprocesador	Teclado	Monitor	Disco duro externo
Memoria RAM	Ratón	Impresora	Módem
Memoria ROM	Escáner	Altavoces	*Router*
Ranuras de expansión	*Joystick*		Unidades magnéticas
Buses e interfaces	*Webcam*		Unidades ópticas
Disco duro	Cámara digital		Memorias *flash*

La unidad central de proceso

Es el centro neurálgico del ordenador. Se la conoce con las siglas **CPU** ***(C**entral **P**rocessing **U**nit).* Recibe los datos procedentes del exterior, los procesa y los envía a los periféricos de salida.

Sus componentes se integran en un soporte denominado **placa base.** En ella, entre otros dispositivos, encontramos el *microprocesador,* las *memorias RAM y ROM,* las *ranuras de expansión,* los *buses e interfaces* y el *disco duro* (fig. 10).

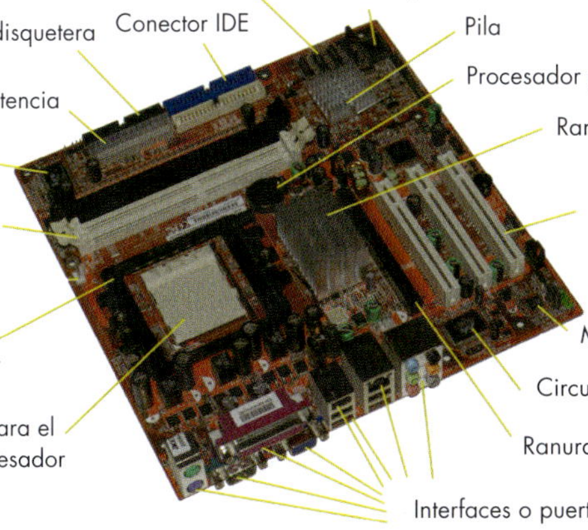

Fig. 10

El **microprocesador** ejecuta todas las órdenes y controla el funcionamiento del ordenador. Dispone de un *reloj interno* que sincroniza el trabajo de todos los componentes (fig. 11). Su velocidad se indica en *megahercios* (MHz) o *gigahercios* (GHz).

Fig. 11

La **memoria RAM** guarda los programas y los datos con los que se trabaja para poder acceder a ellos rápidamente (fig. 12). Estos datos se pierden si se apaga el ordenador por lo que se la denomina *memoria volátil.* Su capacidad se mide en *megabytes* (MB) o *gigabytes* (GB).

Fig. 12

La **memoria ROM** contiene la información básica necesaria para que el ordenador funcione (fig. 13).

Se trata de una *memoria de sólo lectura,* lo que significa que su contenido permanece estable y no se puede variar.

Fig. 13

Las **ranuras de expansión** permiten la inserción de **tarjetas** que mejoran las prestaciones del ordenador, como la *tarjeta gráfica,* que genera las imágenes en el monitor, la *tarjeta de sonido,* que permite grabar y reproducir música y sonidos, y la *tarjeta de video,* que facilita la reproducción de imágenes de video o de televisión (fig. 14).

Fig. 14

Los **buses** son las pistas o canales que conectan entre sí todos los componentes de la placa base. Las **interfaces** o **puertos** permiten conectar los periféricos exteriores a la placa base a través de los buses. Según su configuración pueden ser *puertos paralelo* o *serie.* Los más utilizados actualmente son el puerto **USB** y el **FireWire** (fig. 15).

Fig. 15

El **disco duro** almacena los *programas* instalados en el ordenador y también los *archivos y ficheros* con los datos recogidos y la información que se ha generado (fig. 16). Se identifica como *unidad C* para distinguirla de otras unidades externas de almacenamiento de datos. Su capacidad se indica en *gigabytes* (GB) o *terabytes* (TB).

Fig. 16

Prefijos

Los prefijos **kilo-, mega-, giga-** y **tera-** designan *múltiplos de las unidades básicas,* tanto de velocidad como de memoria. Observa las equivalencias:

1 kHz = 1 024 hercios

1 MHz = 1 024 kHz

1GHz = 1 024 MHz

1 kB = 1 024 bytes

1 MB = 1 024 kB

1 GB = 1 024 MB

1 TB = 1 024 GB

En el lenguaje coloquial se emplean como sustantivos. Así, se dice que *un microprocesador funciona a dos gigas* o que *una memoria RAM tiene una capacidad de 512 megas.*

Los periféricos

Son aparatos que permiten la comunicación entre el ordenador y la persona que lo maneja. Se sitúan fuera del ordenador y se unen a él a través de conexiones que pueden ser *alámbricas* (mediante interfaces o puertos) o *inalámbricas* (tecnología *wi-fi*).

Pueden ser *de entrada, de salida* y *de entrada-salida.*

Los **periféricos de entrada** son dispositivos mediante los cuales es posible *suministrar datos* al ordenador.

En este grupo se integran, entre otros, el *teclado,* el *ratón,* el *escáner,* la *webcam,* las *cámaras digitales* y el *joystick.*

El **teclado** se emplea para la *entrada manual de datos* al ordenador. En él se pueden encontrar **cuatro bloques** de teclas denominados *alfanumérico, de función, numérico* y *de edición*. Con ellos se introducen textos, números, funciones, operaciones y diversas órdenes de edición (fig. 17).

Fig. 17

El **ratón** permite controlar un *cursor* que aparece en la pantalla del monitor. Al mover el ratón, se mueve el cursor y se puede situar sobre los iconos o en cualquier parte de la pantalla. Los modelos actuales incorporan, en su parte inferior, un *sensor óptico* en lugar de la bola convencional (fig. 18).

Fig. 18

El **escáner** copia textos e imágenes de un documento y los transmite al ordenador. Su *resolución* se da en *píxels por pulgada* **(ppp).** La *profundidad de color* indica el número de colores que es capaz de diferenciar y representar (fig. 19).

Fig. 19

La ***webcam*** (que algunos ordenadores ya incorporan como un componente interno) se utiliza para producir vídeos, capturar imágenes, comunicarse por videoconferencia en Internet, etc. (fig. 20).

Fig. 20

Las **cámaras digitales** disponen de una memoria *flash* en la que se almacenan las imágenes en formato digital. Estas imágenes pueden ser descargadas posteriormente al ordenador por medio de un puerto USB (fig. 21).

Fig. 21

El ***joystick*** es un dispositivo mediante el cual se posible controlar el movimiento de objetos en la pantalla. Se utiliza fundamentalmente en juegos de ordenador y en simuladores (fig. 22).

Fig. 22

Los **periféricos de salida** *ofrecen la información* que ha procesado el ordenador.

Los más habituales son el *monitor,* la *impresora* y los *altavoces.*

El **monitor** permite visualizar las imágenes generadas por el ordenador. Su *tamaño* se indica en diagonal y en *pulgadas* **(").** Los actuales (fig. 23) utilizan tecnología **TFT** y su *resolución* puede ser 800 × 600, 1024 × 768 o bien 1440 × 900 *píxels por pulgada* **(ppp).**

La **impresora** imprime sobre soporte papel los resultados de salida de un ordenador (fig. 24). Su *velocidad* se indica en *páginas por minuto* **(ppm)** y su *resolución*, en *píxels por pulgada* **(ppp).** Las hay de **inyección de tinta** y **láser,** éstas últimas de mayor resolución.

Los **altavoces** reproducen los sonidos que genera el ordenador gracias a la tarjeta de sonido. Pueden ser **pasivos** (amplifican la señal antes de filtrarla) o **activos** (la amplifican después de filtrarla, por lo que son más eficientes). Su *potencia* se mide en *vatios* (fig. 25).

Fig. 23

Fig. 24

Fig. 25

Los **periféricos de entrada/salida** permiten tanto la *introducción de datos* como el *registro de la información* generada.

En este bloque se encuadran el *módem*, el *router*, los *sistemas de almacenamiento de datos* —disco duro externo, unidades ZIP, lectores/grabadores de CD, DVD y *blu-ray*— y las *memorias flash.*

El **módem** se utiliza para *modular y demodular* la señal que recibe o emite el ordenador. Se usa para enviar y recibir datos a través de la línea telefónica.

El ***router*** se encarga de *señalar la ruta* que han de seguir los datos cuando se transmiten dentro de una red de ordenadores. Se emplea para conectarse a Internet.

Los actuales **sistemas de almacenamiento de datos** utilizan soporte **óptico** para guardarlos: *lectores y grabadores de CD, DVD y blu-ray,* de gran fiabilidad y capacidad de almacenamiento (fig. 26).

Fig. 26

Las unidades de **memoria *flash*** (fig. 12) facilitan la transferencia de información de unos ordenadores a otros ya que se conectan rápidamente a través de *puertos USB* y no es necesario reiniciar el ordenador (fig. 27).

Fig. 27

ACTIVIDADES

4. Explica qué diferencia hay entre la memoria RAM y la memoria ROM de un ordenador.

5. ¿Todos los periféricos se encuentran físicamente en el exterior del ordenador?

   — Razona la respuesta y pon ejemplos concretos.

6. Observa uno de los ordenadores del aula y enumera todos los periféricos de que dispone.

7. Formad un grupo de trabajo, buscad información y enumerad los pasos que hay que seguir para conectar un nuevo periférico al ordenador (por ejemplo, una webcam).

3. Sistema operativo Windows

Para que funcionen las distintas aplicaciones, todo ordenador debe poseer un **sistema operativo.** Los sistemas operativos realizan tareas básicas, como reconocer de la conexión del teclado, enviar la información a la pantalla, no perder de vista archivos y directorios en nuestros discos, controlar los dispositivos periféricos tales como impresoras, escáner, etc. El sistema operativo actúa, pues, como *intermediario* entre la máquina y el usuario.

El sistema operativo **Windows,** en sus diferentes versiones, es un entorno totalmente gráfico que basa su interfaz en el uso de **ventanas** e **iconos** dispuestos ordenadamente en una pantalla denominada **escritorio.**

La figura 28 muestra el aspecto del **escritorio de Windows Vista.**

Requerimientos mínimos para Windows Vista

Procesador:	1.0 GHz
Disco Duro :	40 GB
Memoria RAM:	1 GB
Periféricos:	Unidad DVD-ROM

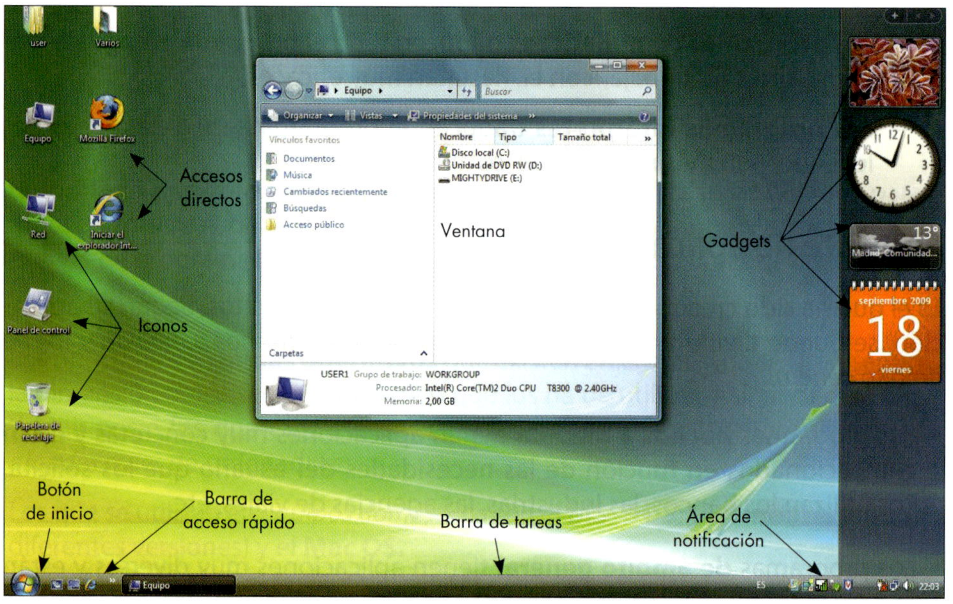

Fig. 28. Escritorio de Windows Vista.

En este escritorio podemos apreciar diferentes **elementos:** *iconos* y *accesos directos*, una *ventana*, diversos *gadgets*, el *botón de inicio*, la *barra de acceso rápido*, la *barra de tareas* y el *área de notificación*.

- Los **iconos** son pequeñas imágenes o dibujos que representan un archivo, una carpeta, un programa... Sirven para identificar el tipo de información con la que estamos trabajando.
- Los **accesos directos** representan documentos o programas que se encuentran en otros lugares del sistema (carpetas, discos, etc.) y permiten acceder a ellos sin necesidad de acudir al lugar donde se encuentran. Pueden ser creados en cualquier momento y, aunque se eliminen, la información que representan permanece archivada en su lugar.
- Las **ventanas** son cuadros que se abren al hacer un doble clic sobre un icono.
- Los ***gadgets*** son pequeños programas que ofrecen información diversa sin necesidad de abrir ninguna ventana (información del tiempo, hora, calendario, etc.). Se encuentran en una columna lateral denominada *Windows Sidebar*.
- El **botón de inicio** está situado en la parte inferior izquierda de la pantalla. Al hacer clic sobre él, accedemos a todo el abanico de opciones y posibilidades que nos ofrece Windows Vista (fig. 29).

Fig. 29. Despliegue del botón de inicio.

- La **barra de acceso rápido** (fig. 30) permite acceder más rápidamente a los programas o utilidades cuyos iconos se encuentran en su interior.

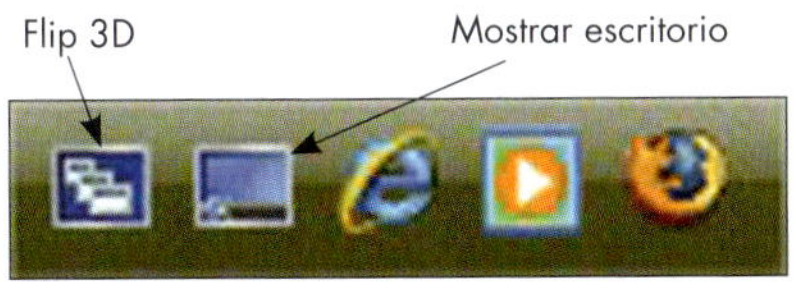

Fig. 30. Barra de acceso rápido.

 El primero de ellos es el icono correspondiente a la aplicación **Flip 3D.**

Al hacer clic sobre él, se muestran, en apariencia tridimensional, las ventanas de cada uno de los archivos presentes, incluido el escritorio (fig. 31).

Utilizando la *rueda de desplazamiento* del ratón podemos consultar las ventanas que tengamos abiertas y así localizar y seleccionar rápidamente aquella con la que deseamos trabajar.

Fig. 31. Presentación de las ventanas en formato 3D.

 El segundo icono, denominado **Mostrar escritorio,** se utiliza para minimizar las ventanas que hay abiertas en un momento determinado de modo que podamos acceder más ágilmente a ellas.

Para situar una aplicación en la barra de acceso rápido, basta arrastrar su icono desde el escritorio hasta ella.

- La **barra de tareas** muestra también las ventanas que están abiertas y las aplicaciones que se están ejecutando en ese momento (fig. 32).

Fig. 32. Barra de tareas.

Si colocamos el puntero del ratón sobre un elemento de la barra, se muestra una vista en miniatura de la ventana con su contenido (fig. 33).

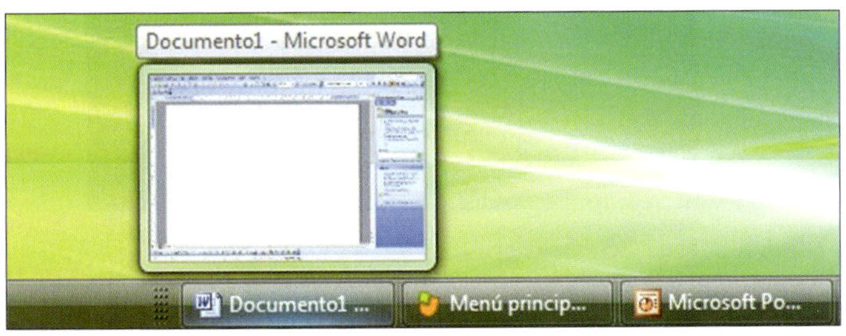

Fig. 33. Visualización del contenido de la barra de tareas.

- Finalmente, el **área de notificación** contiene iconos que representan los *programas residentes,* es decir, los programas que se cargan automáticamente al encender el ordenador: antivirus, mensajería instantánea, administradores de conexiones inalámbricas, reloj, control del volumen, etc. (fig. 34).

Fig. 34. Área de notificación.

Windows 7

En octubre de 2009 salió al mercado la versión **Windows 7,** que mejoraba las prestaciones de Windows Vista.

Uno de los cambios más espectaculares lo constituye la **barra de tareas.** En ella desaparecen el nombre y el icono de las aplicaciones en marcha y se sustituyen por *iconos más grandes,* sin ninguna indicación escrita.

Al situar el puntero sobre cualquiera de ellos, el sistema muestra los títulos de las tareas que tengamos en ejecución.

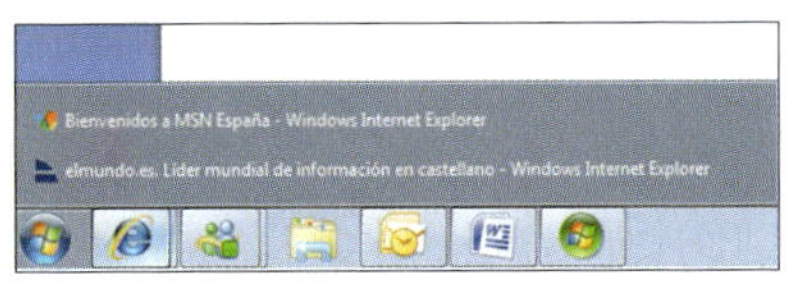

3.1. Manejo de las ventanas

Para trabajar con comodidad con las ventanas, podemos emplear diferentes recursos tales como *desplazarlas* por el escritorio, modificar sus *dimensiones* o cambiar su forma de *presentación*.

- Para poder **desplazar** una ventana por el escritorio, basta con mantener presionado el botón izquierdo del ratón sobre la parte superior de la ventana y arrastrarla hasta el lugar deseado.
- Para modificar las **dimensiones** de una ventanas (anchura y altura) hay que situarse sobre cualquiera de sus bordes. Al hacerlo, el cursor se convierte en una doble flecha. Hacemos clic y arrastramos el ratón hasta conseguir la medida deseada (fig. 35).

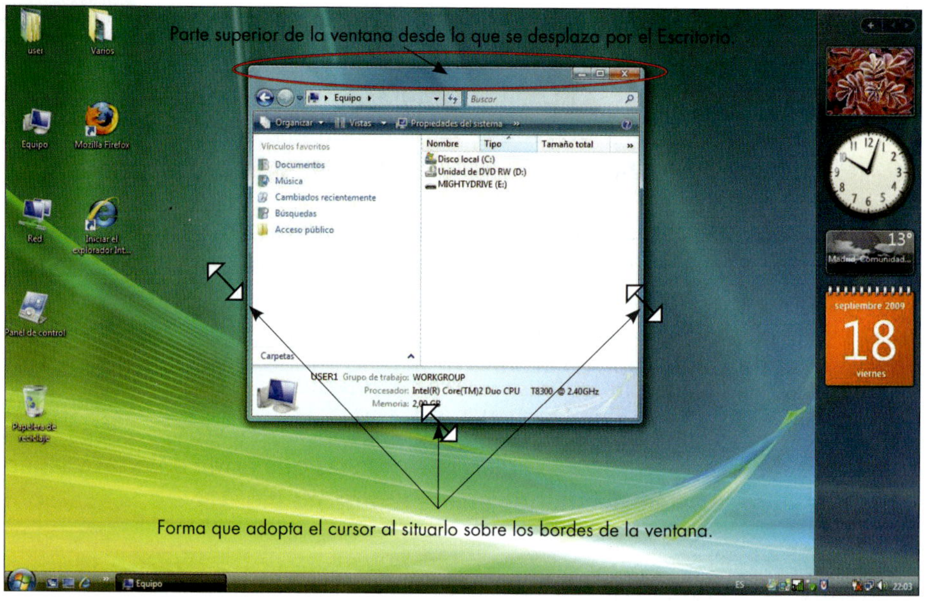

Fig. 35. Ventana en el escritorio.

- Para cambiar la **presentación** de una ventanas en el escritorio hay que utilizar los **botones** que aparecen en su ángulo superior derecho (fig. 36).

Fig. 36. Botones.

 El botón **Minimizar** convierte la ventana en un botón que se sitúa en la *barra de tareas* de Windows Vista. De este modo se puede ver lo que hay en el escritorio tras ella.

 El botón **Maximizar** amplia el tamaño de la ventana a toda el área de trabajo, aunque sigue visible la *barra de tareas*.

 El botón **Restaurar** sustituye al anterior cuando la ventana está maximizada y permite devolverla a su tamaño anterior.

 Finalmente, el botón **Cerrar** se encarga de hacer desaparecer la ventana del escritorio.

3.2. Organización de la información

La información que generamos a través de las distintas aplicaciones o programas que tenemos instalados en nuestro equipo se guardan finalmente bajo la estructura de un **archivo** o **fichero.**

Para clasificar adecuadamente los archivos generados utilizamos **directorios** o **carpetas.** En ocasiones, los directorios han de subdividirse en **subdirectorios,** y las carpetas, en **subcarpetas** (cuando tenemos una carpeta dentro de otra).

Finalmente, los directorios, carpetas y ficheros se pueden guardar en **unidades de almacenamiento,** es decir, dispositivos físicos que nos permiten conservar de forma permanente toda la información: discos duros, unidades CD, DVD y *blu-ray,* memorias *flash,* etc.

El sistema operativo Windows Vista permite ejecutar todo tipo de **acciones** sobre esta forma de organizar la información: *seleccionar un dispositivo de almacenamiento, crear carpetas* y llevar a cabo *tareas con carpetas* ya creadas.

Selección de un dispositivo de almacenamiento

Si hacemos un doble clic con el botón izquierdo del ratón en el icono **Equipo,** ubicado en el Escritorio, se abre inmediatamente una ventana que muestra las distintas *unidades físicas de almacenamiento* que tenemos instaladas en nuestro ordenador (fig. 37).

- Si hacemos un *simple clic* sobre una de las unidades, el sistema nos informa de la capacidad total del dispositivo.
- Si queremos seleccionar una unidad, hay que hacer un *doble clic* sobre ella.

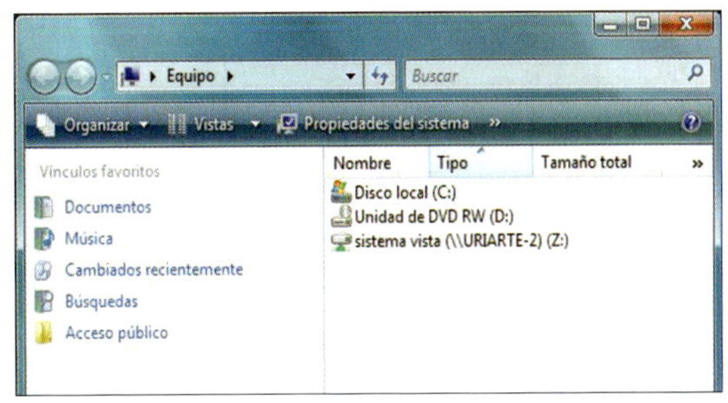

Fig. 37

Creación de una nueva carpeta

Una vez situados en la unidad de almacenamiento seleccionada, podemos presionar el botón derecho del ratón sobre la unidad para obtener su correspondiente **menú contextual.**

Entre otras muchas opciones, podremos comprobar la existencia de una, denominada **Nuevo → Carpeta,** a partir de la cual podemos obtener una nueva carpeta sin título a la que habrá que asignarle un nombre que caracterice el tipo de información o archivos que deseamos alojar en su interior (fig. 38).

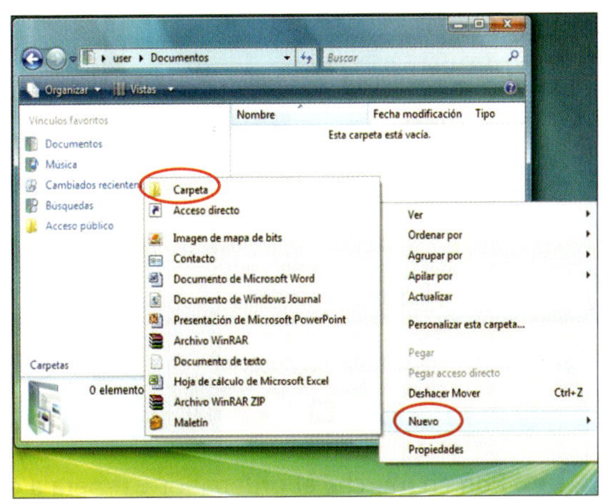

Fig. 38

También es posible obtenerla desplegando el menú **Organizar** y seleccionando *Nueva carpeta* (fig. 39).

Tareas con carpetas

Una vez creada una carpeta podremos realizar sobre ella diversas acciones, tales como *cambiar el nombre, eliminar, copiar* para crear un duplicado, *cortar y pegar* para cambiar su ubicación original, etc.

Estas acciones se pueden llevar a cabo desde el **menú contextual** (que, como ya sabes, se obtiene presionando el botón derecho del ratón sobre la carpeta en cuestión), o bien seleccionando la carpeta y desplegando el menú **Organizar.**

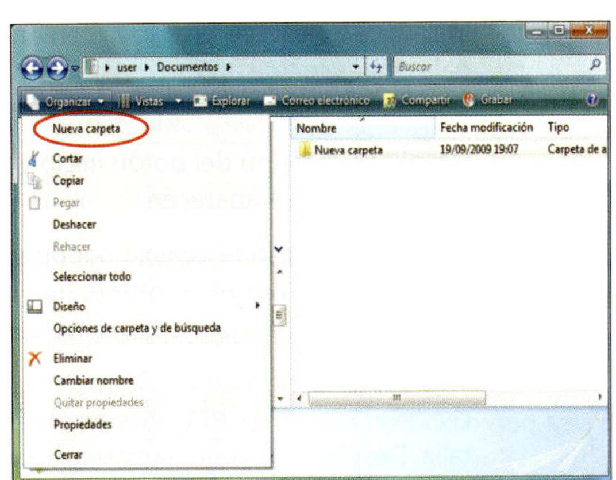

Fig. 39

3.5. Aplicaciones instaladas

La instalación del sistema operativo Windows Vista lleva asociada la incorporación de **programas de *software*** que pueden resultar de mucha utilidad y que amplían notablemente las prestaciones de nuestro ordenador. Estas aplicaciones se pueden visualizar en la opción *Todos los programas* del menú *Inicio* (fig. 45).

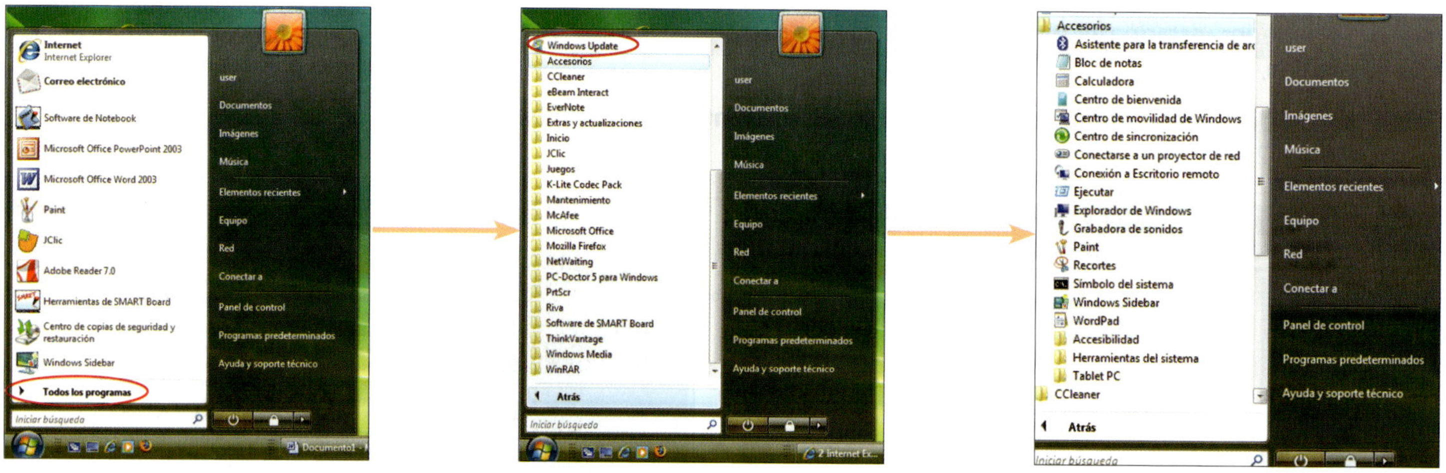

Fig. 45. Secuencia de acceso a los programas de *software* instalados en el ordenador desde el menú *Inicio*.

Accesorios

Dentro de esta categoría podemos destacar, entre otros, el programa *Paint*, la *calculadora*, el procesador *WordPad* y un *bloc de notas*.

Paint es un programa de **diseño gráfico** que facilita la creación, la visualización y la modificación de imágenes en distintos formatos: bmp, jpeg, tiff, png, etc. (fig. 46).

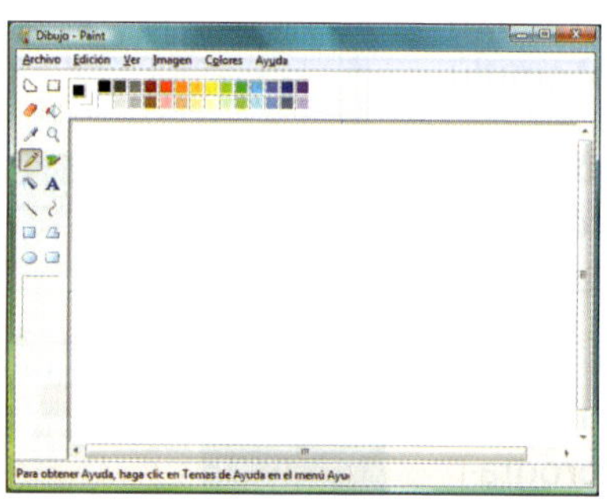

Fig. 46

La **calculadora** funciona como las convencionales (fig. 47). Puede funcionar en modo *estándar* (operaciones básicas) o como calculadora *científica* (cálculos avanzados).

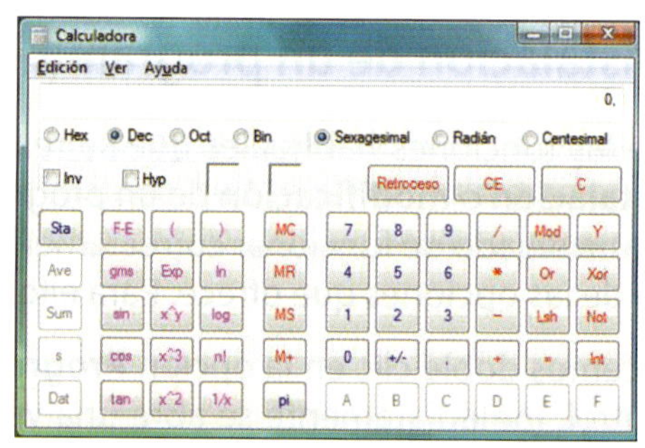

Fig. 47

WordPad es un **procesador de textos** muy sencillo de manejar. Permite crear textos con diferentes tipos de letras, estilos, formatos, etc. (fig. 48).

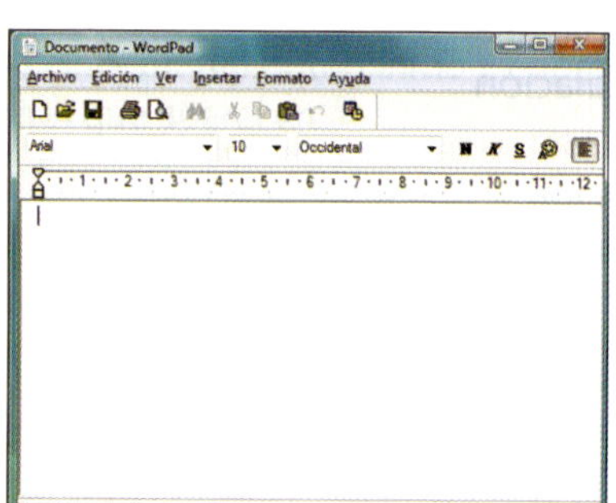

Fig. 48

El **bloc de notas *(notepad)*** permite almacenar pequeños archivos de texto que no necesiten formato, tales como avisos, recordatorios, etc. (fig. 49).

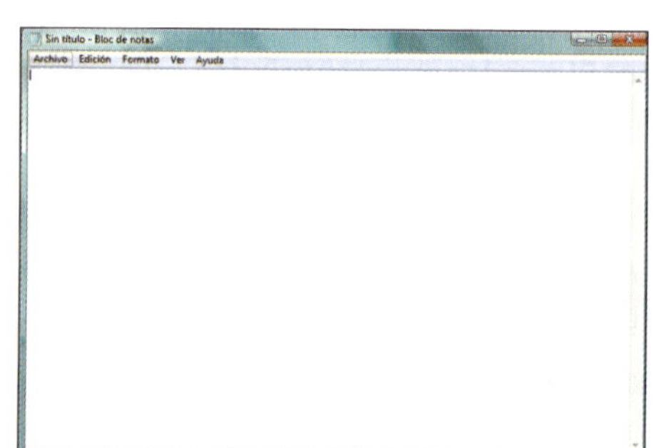

Fig. 49

Otros programas

Además de los anteriores, otros programas de gran utilidad son el *Windows Media Player*, el *Windows Movie Maker* y el *Windows Defender*.

Windows Media Player es, a la vez, el reproductor multimedia de Windows y una biblioteca de recursos. Con esta aplicación podremos, entre otras cosas, clasificar y escuchar música, ver vídeos e imágenes fijas, etc. (fig. 50).

También podremos transferir nuestros CD de música al equipo, convirtiéndolos en formato mp3 y viceversa. Podemos igualmente generar CD con la música almacenada en el equipo, que podremos escuchar en cualquier reproductor.

El programa nos brinda también la posibilidad de sincronizar el ordenador con los dispositivos mp3 y mp4 para la copia automática de archivos.

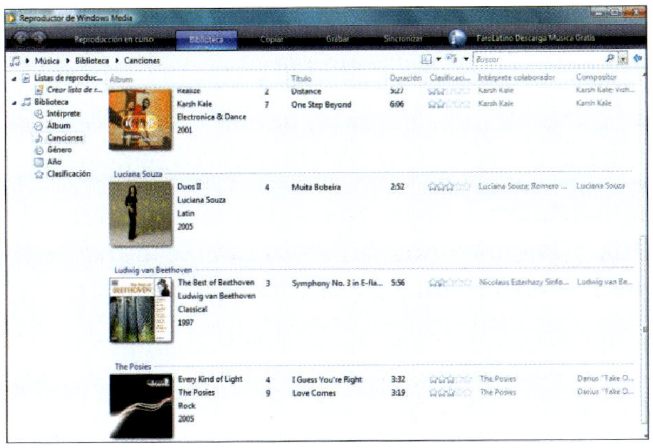

Fig. 50

Windows Movie Maker es una aplicación que nos permite crear películas completas a partir de nuestros propios videos o de imágenes estáticas (fotografías) a las que se puede dotar de sensación de movimiento (fig. 51).

El programa permite combinar las imágenes y los videos, aplicándoles efectos o transiciones entre ellos, otorgar sonidos o música de fondo, y un sinfín de posibilidades de edición que harán de nosotros expertos montadores gráficos.

Los trabajos realizados se pueden guardar en diferentes formatos y grabarlos posteriormente en un DVD para reproducirlos en cualquier televisor.

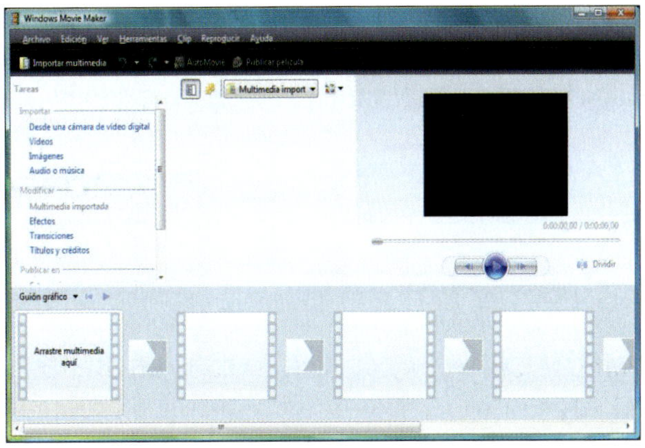

Fig. 51

Windows Defender es una herramienta que permite combatir el software espía, conocido en el lenguaje informático como ***spyware.***

Los programas ***spyware*** son aplicaciones que se instalan en nuestro equipo sin que lo sepamos e intentan recoger información sobre él para enviarla a terceros, instalar barras de herramientas no deseadas en el navegador o mostrarnos ventanas de publicidad. Suelen llegar a través del correo electrónico o de determinados *links* de páginas web y son de difícil eliminación.

El programa facilita la eliminación del *spyware* instalado en el equipo y a evitar que, en lo sucesivo, se instalen nuevas formas de software de estas características (fig. 52).

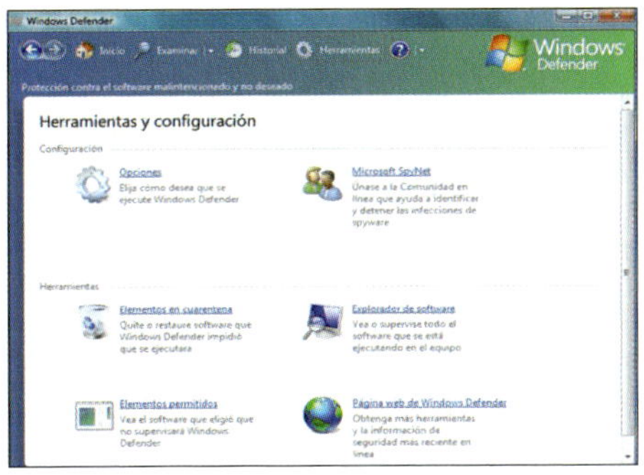

Fig. 52

ACTIVIDADES

14. Abre el programa accesorio *Calculadora*. Despliega el menú *Ver* y selecciona la opción que más se ajuste a la que tú tienes.

— Efectúa un cálculo con las dos, compáralas y explica cuál resulta más fácil de manejar.

15. Abre el programa accesorio *WordPad* y confecciona una lista con los datos de algunos compañeros o personas que tú conozcas.

16. Utiliza el programa *Windows Media Player* para visualizar un video o una serie de imágenes que contenga tu ordenador.

— Analiza las posibilidades de visión que te ofrece el menú gráfico de la aplicación.

17. Prepara una presentación que contenga al menos diez imágenes fijas.

— Utiliza el programa *Windows Movie Maker*.

Multimedia en Windows 7

Windows 7 puede gestionar diferentes formatos que en Windows Vista y Windows XP no se podían reproducir, como AAC, DivX... Se puede ver un vídeo o escuchar música desde **Windows Media Center.**

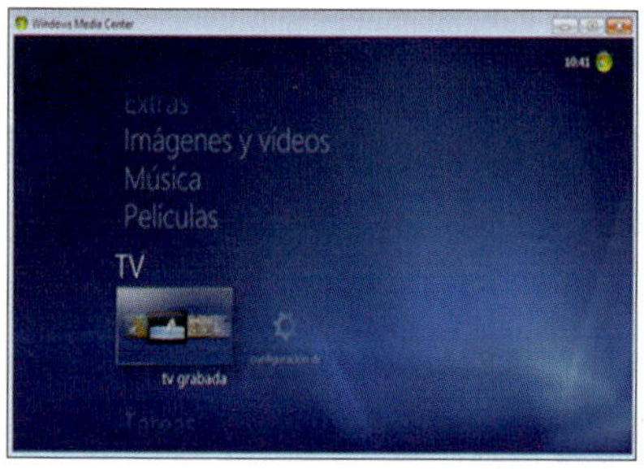

3.6. Herramientas del sistema

Dentro de la carpeta **Accesorios**, que ya conocemos del apartado anterior, se encuentra una subcarpeta denominada **Herramientas del sistema,** entre las que destacamos *Defragmentador de disco, Scandisk* y *Restaurar sistema.*

La finalidad de estas herramientas es *optimizar o mejorar el funcionamiento del ordenador* cuando, con el uso diario, observamos que empeoran sus prestaciones: reducción de la velocidad, exceso de errores en la aplicación de programas, etc.

Veamos cómo actúan.

Defragmentador de disco

Cuando se graban inicialmente los datos en un disco, éstos se guardan de forma *continua*, es decir, unos a continuación de otros. Por eso, cuando se borran o se modifican archivos, van quedando huecos entre ellos.

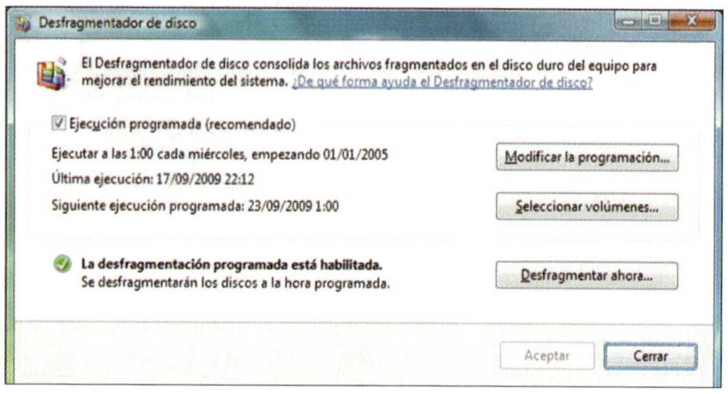

Fig. 53

El sistema operativo utiliza esos huecos para no perder capacidad de almacenamiento, lo que supone que la nueva información que se graba aparece ahora *fragmentada.*

Así, cuando intentamos leer o recuperar los archivos fragmentados, el proceso de lectura en nuestros discos se ralentiza.

El **defragmentador** reorganiza la información del disco para que los archivos estén lo menos dispersos posible. Este proceso facilita el acceso a la información y libera espacio en el disco (fig. 53).

La defragmentación se debe llevar a cabo manualmente al menos una vez al mes o bien programarla para que se ejecute automáticamente cada cierto tiempo.

Scandisk

Esta utilidad nos permite analizar nuestras unidades de disco (discos duros, unidades de memoria USB...) en busca de posibles **errores** en el disco. En el caso de detectar algún sector defectuoso, procede a traspasar la información que puedan contener a otros sectores correctos. Por este simple procedimiento, el usuario puede recuperar dicha información.

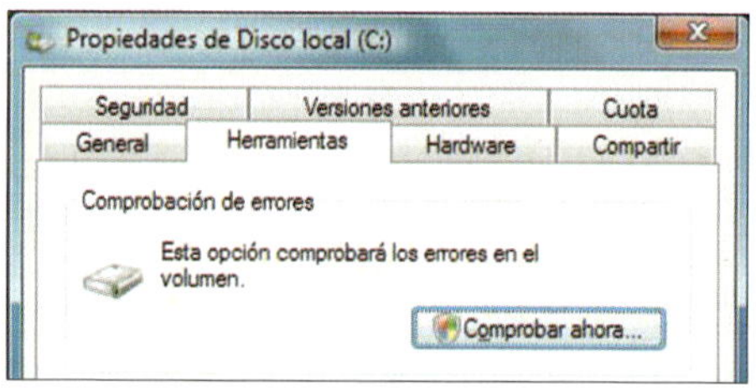

Fig. 54

Para acceder a esta utilidad basta acceder al icono **Equipo,** localizar la unidad que nos interesa analizar, desplegar su **menú contextual** (haciendo clic sobre ella con el botón derecho del ratón), abrir la opción **Propiedades** y seleccionar la pestaña **Herramientas** (fig. 54).

Restaurar sistema

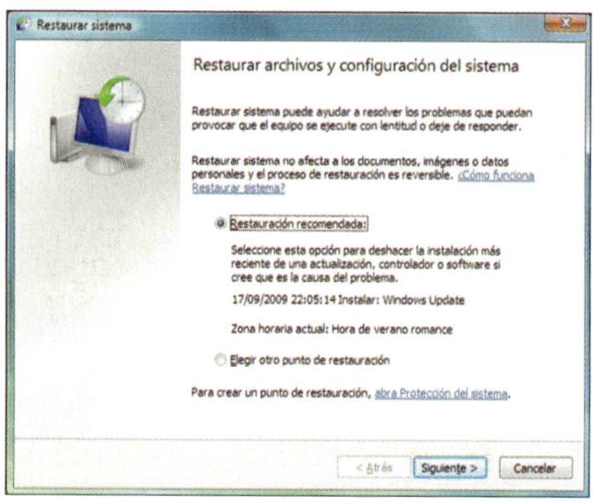

Fig. 55

Cada cierto tiempo (o automáticamente cada vez que se produce la instalación o desinstalación de aplicaciones o la incorporación de elementos de *hardware)* el sistema operativo crea **puntos de restauración.** Se trata de registros que guardan toda la información de la configuración actual del equipo.

Si, por alguna causa, nuestro ordenador no funciona correctamente, la utilidad **Restaurar sistema** permite volver a situar el equipo en un punto de restauración anterior al que nos encontramos actualmente, y en el que no haya ninguna anomalía (fig. 55).

18. Por parejas, investigad el programa ***Paint*** y realizad algunos dibujos con él.

Proceded del modo siguiente:

— Poned en marcha el ordenador y esperad a que aparezca el archivo *Escritorio*.

— Localizad el programa ***Paint*** y haced clic en él. Se abrirá una pantalla como la de la figura 56.

— Haced clic sobre cada uno de los ítems de la *barra de menús* y observad las opciones que ofrece cada uno.

Anotadlas en vuestro cuaderno porque necesitaréis esta información para dibujar con ***Paint***.

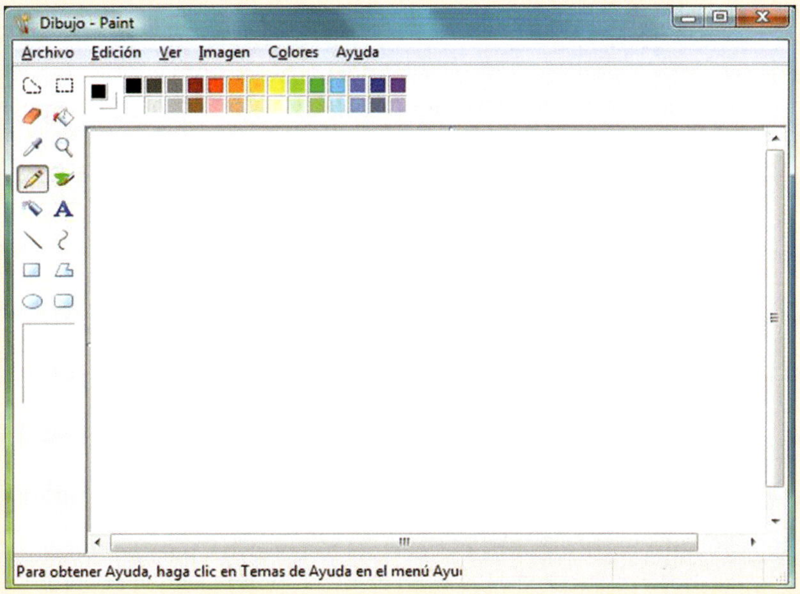

Fig. 56

— Pasad el cursor sobre cada uno de los iconos de la *barra de herramientas* y completad un cuadro con la información que ofrece el sistema. Podéis seguir el modelo.

BARRA DE HERRAMIENTAS DE *PAINT*							
	Forma libre		....		....		....
	....		....		....		....
	....		....		....		....
	....		....		....		....

— Seleccionad en la barra de herramientas una forma geométrica (forma libre, línea recta, curva, rectángulo, elipse...) y el instrumento con el que vais a dibujarla (lápiz, pincel, aerógrafo).

— Seleccionad un color en la paleta de colores y trazad la forma sobre el área de trabajo. Observad el resultado.

— Incorporad alguno de los efectos que proporcionan los menús *Imagen* y *Colores*.

— Repetid el mismo procedimiento con otras formas geométricas o dibujos libres hasta obtener una composición que os guste (fig. 57).

— Asignad un nombre al documento y guardadlo en una carpeta.

— Finalmente, salid de la aplicación ***Paint*** y apagad el ordenador.

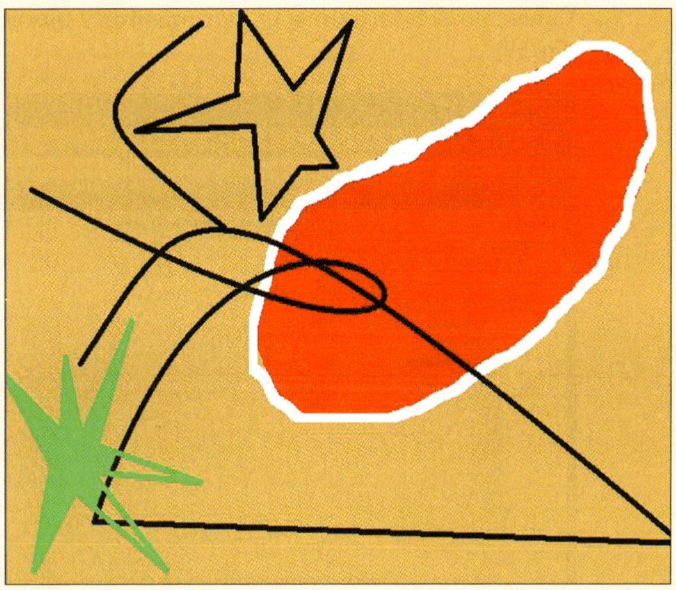

Fig. 57

Organización de la información

Las actividades que te proponemos a continuación tienen por objetivo disponer de una unidad de almacenamiento en la que conservar nuestros trabajos de Tecnología.

Procede paso a paso, tal y como se indica a continuación.

19. El primer paso consistirá en **formatear la unidad de almacenamiento** que vamos a utilizar. Para ello:

- Toma un *pen drive* y colócalo en el puerto USB de tu ordenador.
- Haz un doble clic sobre el icono **Equipo.** Comprueba que el sistema ha detectado el dispositivo y lo muestra en pantalla. En la imagen, se trata de la *unidad E,* identificada como *Mightydrive* (fig. 58).
- Sitúa el cursor sobre el icono del dispositivo y haz clic con el botón derecho del ratón. En el menú contextual que se abre, selecciona la opción **Formatear.**
- En el cuadro de diálogo que se abre, haz clic en **Iniciar.** El sistema procederá a limpiar toda la información existente en el *pen drive* de modo que quede listo para su empleo.

También puedes eliminar la información manualmente. Para ello, abre el *pen drive*, selecciona todo su contenido, trasládalo a la papelera de reciclaje y vacíala.

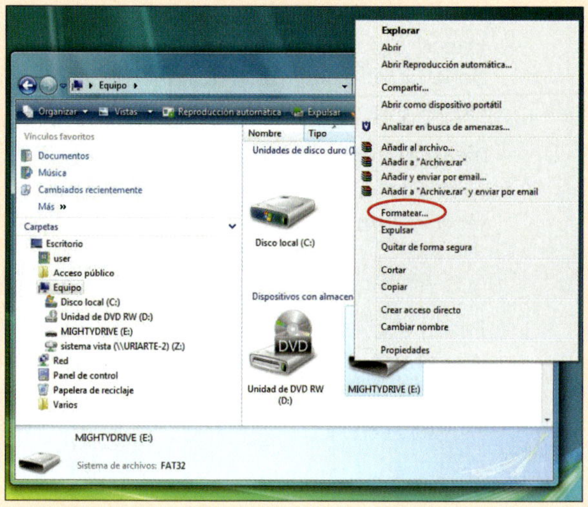

Fig. 58

20. A continuación, vamos a **crear una carpeta** en la que guardaremos nuestros trabajos. Para ello:

- Haz clic en el icono del *pen drive* para que éste se abra.
- Despliega el menú **Archivo** y selecciona **Carpeta nueva.** Aparecerá el icono de una carpeta dentro de la unidad E. Asígnale el nombre de **Tecnología.**
- Haz clic en la carpeta creada para que se abra y, siguiendo el mismo procedimiento, crea dos subcarpetas que llamaremos, respectivamente, **Documentos** y **Dibujos** (fig. 59).

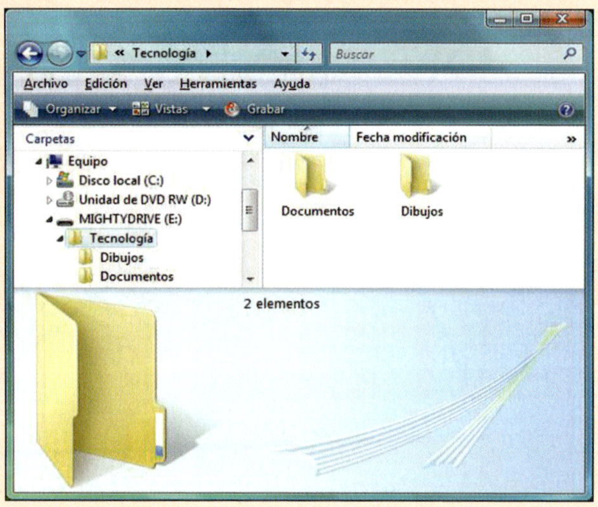

Fig. 59

21. Ahora procedemos a **buscar y copiar un archivo.** Para ello:

- Despliega el menú **Inicio** y, en el recuadro inferior *(Iniciar búsqueda)* escribe **notepad.exe,** que corresponde a la aplicación **Bloc de notas.**
- Sitúa el cursor sobre el resultado de la búsaueda, haz clic con el botón derecho del ratón para que se abra el menú contextual y selecciona en él la opción **Copiar** (fig. 60). El elemento ha quedado almacenado en el *Portapapeles*.

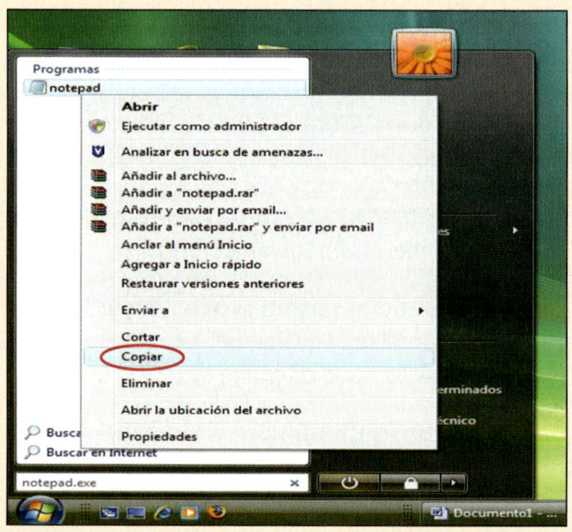

Fig. 60

22. Nos disponemos ahora a **pegar el archivo** que hemos copiado en la unidad *pen drive.* Para ello:

— Haz de nuevo un doble clic sobre el icono **Equipo** para acceder a la unidad E, *Mightydrive.*

— Haz clic sobre la unidad para abrirla, haz clic también en la carpeta **Tecnología** que aparece en su interior y, cuando se abra, haz clic en la subcarpeta **Documentos,** que está vacía.

— Con el botón derecho del ratón accede al menú contextual de la carpeta y selecciona la opción **Pegar** que, como puedes observar, está disponible (fig. 61).

— Comprueba que en el interior de la carpeta **Documentos** aparece ahora el icono de la aplicación Notepad (bloc de notas). El proceso se ha realizado, pues, correctamente.

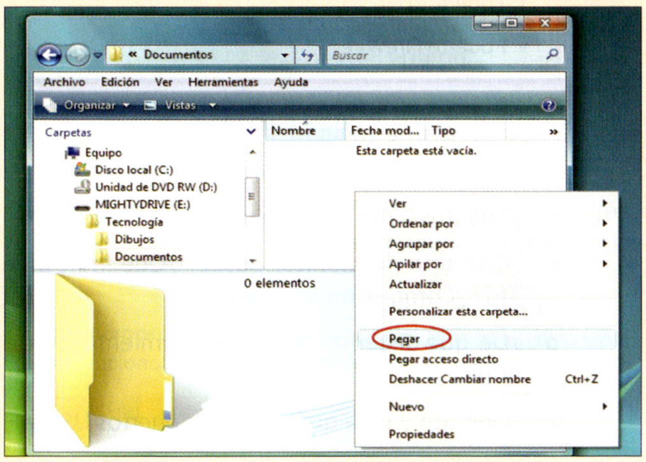

Fig. 61

23. Como ya disponemos de un bloc de notas en nuestro *pen drive,* vamos a crear ahora un **acceso directo** de esta aplicación en el escritorio de nuestro ordenador, para poder acceder a su contenido sin necesidad de abrir la unidad. Para ello:

— Sitúa el cursor sobre el icono del bloc de notas y, con el botón derecho del ratón, accede al menú contextual de la aplicación.

— Selecciona la opción **Enviar a** y, en el nuevo menú que se abre, elige **Escritorio (crear acceso directo)** (fig. 62).

— Cierra todas las ventanas y comprueba que el icono de acceso directo al bloc de notas ha aparecido en el Escritorio de tu ordenador.

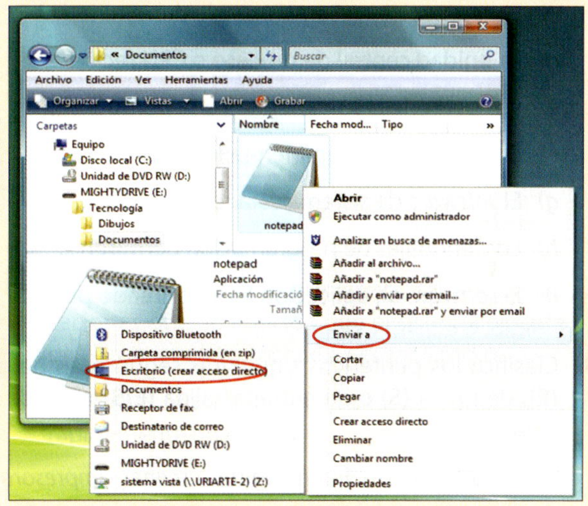

Fig. 62

24. Comprueba que también puedes crear el acceso directo de otro modo:

— Despliega el menú contextual del propio escritorio por el procedimiento habitual (fig. 63).

— Utilizando el cuadro de diálogo, señala el archivo sobre el que deseas crear un acceso directo (fig. 64).

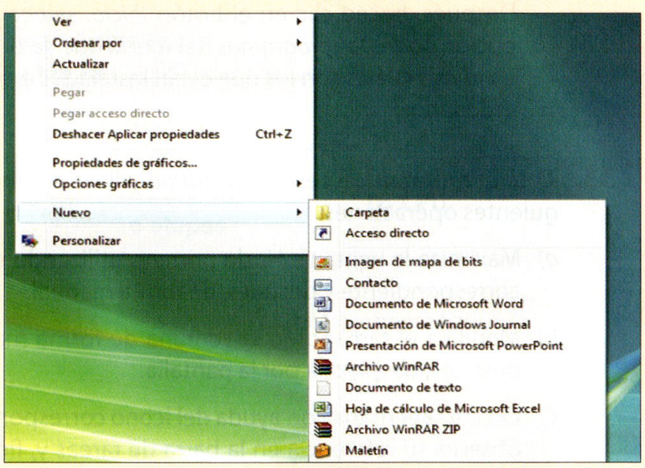

Fig. 63

25. Repite el proceso de *copiar, pegar* y crear *acceso directo* con la aplicación ***Paint.*** Búscala como **mspaint.exe** desde el menú **Inicio.**

— En este caso, deberás situarla dentro de la subcarpeta **Dibujos** que también se encuentra en la carpeta **Tecnología** del *pen drive.*

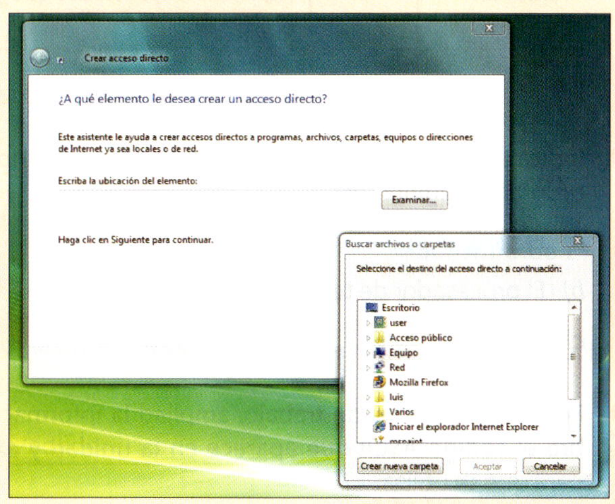

Fig. 64

10

Tratamiento de la información

Los sistemas informáticos disponen de programas muy bien elaborados que permiten redactar trabajos escritos y elaborar presentaciones que incluyen fotografías, dibujos, vídeos, sonidos, etc.

¿Quieres conocerlos? Entra en la unidad y los descubrirás.

CONTENIDOS

TRATAMIENTO DE TEXTOS
Tipos de plomo

PREPARACIÓN DE LA UNIDAD

- El teclado de un ordenador está formado por cuatro bloques de letras.
  - — Confecciona un dibujo esquemático de un teclado, identifica en él cada bloque y explica para qué se emplea.
- Explica qué hay que hacer para poner en marcha tu ordenador.
  - — Averigua dónde se localiza el programa Word de tratamiento de textos y qué hay que hacer para activarlo.
- Explica qué significan los términos siguientes, cuando se aplican a un sistema informático.

  bandeja - carpeta - escritorio - fichero - icono menú - papelera - unidad de disco - ventana

- Razona qué utilidad tiene que el ordenador genere copias de seguridad mientras estamos trabajando con él.
  - — ¿De qué otro modo podemos evitar que se pierda información en caso de accidente?

COMPETENCIAS BÁSICAS

Tratamiento de la información y competencia digital

- Crear archivos de texto y formatearlos utilizando un procesador. Incorporar imágenes, cuadros de texto y otros elementos al archivo textual.
- Crear presentaciones de contenidos que incluyan texto, imágenes, vídeos y sonidos utilizando un programa de presentaciones.

Competencia para aprender a aprender

- Valorar la utilidad de los procesadores de textos y los programas de presentaciones y utilizarlos para presentar trabajos escolares.

Autonomía e iniciativa personal

- Buscar información textual y gráfica en la red Internet para incorporarla a las propias producciones.

Software propietario y software libre

Microsoft Office es un paquete integrado de **software propietario** (hay que adquirirlo en un distribuidor) que incluye diferentes programas, entre los que se incluyen el procesador de textos *Word* y el programa de presentaciones *PowerPoint.*

OpenOffice, en cambio, es un paquete integrado de **software libre** (por tanto, de acceso gratuito) que también incluye, entre otros programas, un procesador de textos y un programa de presentaciones.

1. Introducción

En la unidad anterior descubrimos que el **software** de un sistema informático cuenta con una parte muy importante constituida por el denominado *software de aplicación.*

Éste se suele comercializar en forma de *paquetes integrados* en los que se ofrecen programas que permiten resolver diversos problemas de carácter general, como el tratamiento de textos, los programas de presentaciones, las hojas de cálculo, los programas de diseño gráfico, los generadores de bases de datos, etc.

En esta unidad vamos a prestar especial atención a dos tipos de programas: los *procesadores de textos y los programas de presentaciones.*

2. Los procesadores de textos

Un **procesador de textos** es una aplicación o un programa que permite escribir, crear y tratar archivos de texto de cualquier tipo, modificar su apariencia e insertar imágenes en ellos.

Casi todos los procesadores de texto que hay en el mercado son capaces de realizar las mismas tareas. Sólo cambia el modo concreto de llevarlas a cabo.

En los apartados siguientes nos fijaremos en dos procesadores: el que ofrece el paquete integrado de *Microsoft Office,* conocido como **Word,** y el que integra *OpenOffice,* denominado **Writer.**

2.1. Word y Writer

Como cualquier aplicación instalada en el ordenador, para acceder a ellas basta con localizarlas en el menú **Todos los programas** que aparece al desplegar el botón de **Inicio** o bien hacer clic sobre el *icono de acceso directo* (en el caso de que dispongamos de él).

Inmediatamente se abre una ventana que contiene un primer documento en blanco. Su apariencia es muy similar, tanto en el procesador **Word** (fig. 1) como en **Writer** (fig. 2).

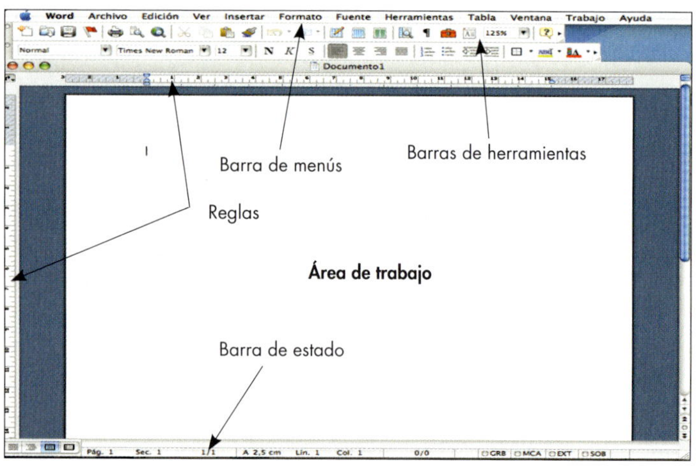

Fig. 1. Página en blanco de Word.

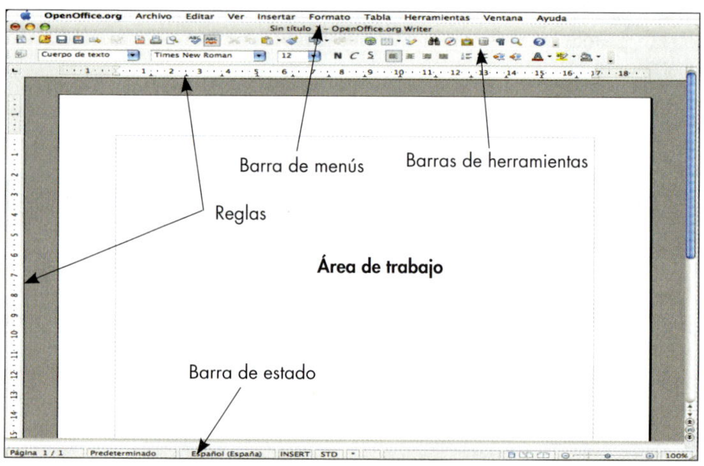

Fig. 2. Página en blanco de Writer.

Como se aprecia en las figuras anteriores, ambas páginas contienen una serie de **elementos** que es necesario conocer: el *área de trabajo,* en la que es visible siempre el *cursor,* la *barra del título,* la *barra de menús,* la *barra de herramientas,* las *barras de desplazamiento,* la *barra de estado* y las *reglas.*

- El **área de trabajo** representa la hoja de papel en la que vamos a escribir el texto. El **cursor,** parpadeante, nos indica en qué lugar nos encontramos.
- La **barra del título** refleja el nombre que recibe el documento con el que estamos trabajando. En el procesador Word, por defecto, recibe el nombre de *Documento 1, 2, 3...* mientras que en Writer se denomina *Sin título 1, 2, 3...*
- La **barra de menús** permite acceder a éstos con sólo hacer clic sobre el menú seleccionado y desplazar después el cursor hasta la opción elegida.
- Las **barras de herramientas** incorporan una serie de iconos que permiten acceder rápidamente a algunas de las funciones más habituales, como el *tipo y tamaño de letra,* sus *atributos,* la *posición del texto,* el *sangrado...* También se accede a otras funciones como *copiar, cortar, pegar* o *imprimir.*

  Algunas de estas funciones también son accesibles desde las diferentes opciones de la barra de menús. Así, si queremos acceder, por ejemplo, a la opción **Guardar como...** tenemos dos posibilidades.

  Desplegar el menú *Archivo* y seleccionar la opción *Guardar como...* (fig. 3).

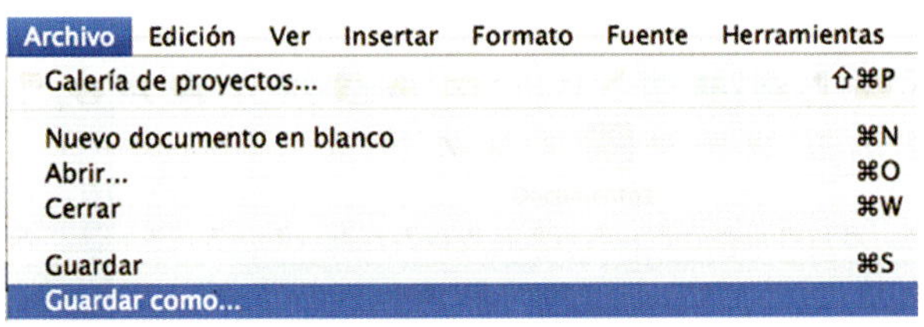

Fig. 3

  Hacer clic directamente sobre el icono *Guardar como...* de la barra de herramientas (fig. 4).

Fig. 4

- Las **barras de desplazamiento** sirven para desplazarse rápidamente por el documento. Para ello disponen de algunos *iconos* y *segmentos (vertical y horizontal)* que indican en qué parte del texto nos encontramos.
- La **barra de estado** proporciona información sobre el documento: página y sección que aparece en la pantalla, posición del cursor y otras.
- Finalmente, las **reglas** *(vertical y horizontal)* informan del espacio disponible para escritura en el texto. En la regla horizontal aparecen flechas que indican el *sangrado* y los *tabuladores.*

Configuración por defecto

Los atributos y propiedades de un documento, tanto de **Word** como de **Writer,** suelen estar *definidos por defecto.* Esto quiere decir que el programa selecciona automáticamente, entre otras cosas, un *tipo y tamaño de letra,* una forma de *alineación del texto,* unos *márgenes...*

Para modificar cualquiera de estos atributos, basta acceder a las opciones de menú correspondientes (o a los iconos de la *barra de herramientas)* e introducir los cambios oportunos.

Los márgenes del documento también se pueden modificar haciendo clic sobre ellos en las reglas y desplazándolos arrastrando el ratón.

ACTIVIDADES

1. Utilizando el procesador de textos que tengas instalado en tu ordenador, abre un documento nuevo y lleva a cabo las tareas siguientes.

— Averigua dónde se encuentran las opciones *Nuevo, Abrir, Cerrar, Guardar* y *Guardar como...* y explica para qué sirve cada una.

— Desplaza el ratón sobre los iconos de la *barra de herramientas* y averigua qué función realizan los cinco primeros de la izquierda.

— Descubre cómo puedes modificar la visión del área de trabajo y amplíala hasta el 200 %.

— Observa la *barra de herramientas* e indica qué fuente y qué tamaño de letra define la aplicación por defecto. Averigua cómo se puede modificar y prepara el documento para que utilice Arial 14.

— Observa las *reglas* (vertical y horizontal) y determina la altura y la anchura del espacio disponible para escritura.

3. Creación de un documento

Para descubrir cómo se maneja un procesador de textos, lo mejor será partir de un problema y tratar de resolverlo utilizando los recursos de la aplicación.

EJEMPLO 1

El profesor de Tecnologías ha encargado la elaboración de un pequeño resumen sobre los elementos de una estructura de barras y los diferentes tipos de esfuerzos que ha de soportar cada uno. Las condiciones del trabajo son:

- *Ha de ocupar, como mínimo, una hoja de papel formato DIN A4.*
- *Ha de contener imágenes.*
- *Ha de estar elaborado con un procesador de textos.*

Lo primero que haremos será **iniciar el procesador de textos** desde nuestro ordenador. Como ya sabemos, se abrirá una página en blanco con un nombre genérico por defecto: *Documento 1, Sin título 1...*

Ya podemos comenzar a escribir el resumen sobre la página en blanco que aparece en pantalla. Inicialmente lo haremos *a texto corrido* y utilizando los atributos que, por defecto, asigna el programa.

De este modo, obtendremos un primer documento como el que aparece a continuación (fig. 5).

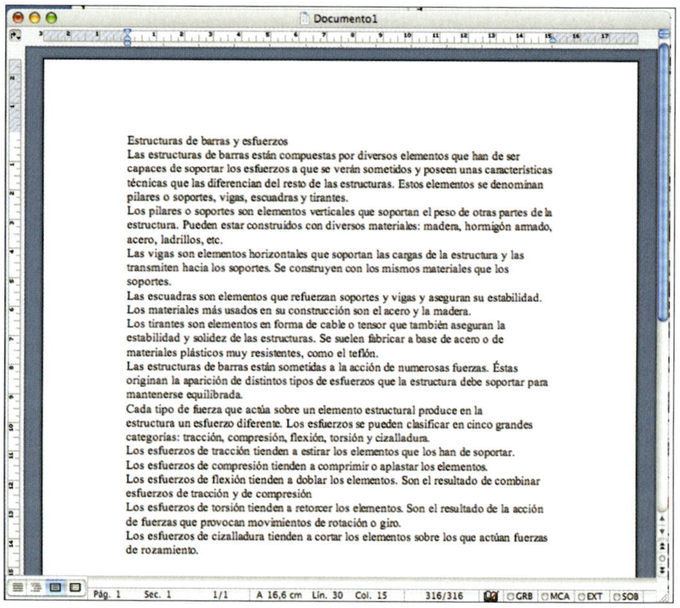

Estructuras de barras y esfuerzos
Las estructuras de barras están compuestas por diversos elementos que han de ser capaces de soportar los esfuerzos a que se verán sometidos y poseen unas características técnicas que las diferencian del resto de las estructuras. Estos elementos se denominan pilares o soportes, vigas, escuadras y tirantes.
Los pilares o soportes son elementos verticales que soportan el peso de otras partes de la estructura. Pueden estar construidos con diversos materiales: madera, hormigón armado, acero, ladrillos, etc.
Las vigas son elementos horizontales que soportan las cargas de la estructura y las transmiten hacia los soportes. Se construyen con los mismos materiales que los soportes.
Las escuadras son elementos que refuerzan soportes y vigas y aseguran su estabilidad. Los materiales más usados en su construcción son el acero y la madera.
Los tirantes son elementos en forma de cable o tensor que también aseguran la estabilidad y solidez de las estructuras. Se suelen fabricar a base de acero o de materiales plásticos muy resistentes, como el teflón.
Las estructuras de barras están sometidas a la acción de numerosas fuerzas. Éstas originan la aparición de distintos tipos de esfuerzos que la estructura debe soportar para mantenerse equilibrada.
Cada tipo de fuerza que actúa sobre un elemento estructural produce en la estructura un esfuerzo diferente. Los esfuerzos se pueden clasificar en cinco grandes categorías: tracción, compresión, flexión, torsión y cizalladura.
Los esfuerzos de tracción tienden a estirar los elementos que los han de soportar.
Los esfuerzos de compresión tienden a comprimir o aplastar los elementos.
Los esfuerzos de flexión tienden a doblar los elementos. Son el resultado de combinar esfuerzos de tracción y de compresión
Los esfuerzos de torsión tienden a retorcer los elementos. Son el resultado de la acción de fuerzas que provocan movimientos de rotación o giro.
Los esfuerzos de cizalladura tienden a cortar los elementos sobre los que actúan fuerzas de rozamiento.

Fig. 5

El paso siguiente será **guardar el documento** y asignarle un nombre. Para ello, hemos de acceder a la opción **Guardar como...** por cualquiera de los procedimientos indicados en el apartado anterior.

Al hacerlo, se abrirá un **cuadro de diálogo** (muy similar en ambos procesadores) en el que podemos asignar un *nombre* del documento, señalar la *carpeta* en la que queremos archivarlo e indicar el *tipo* de documento (fig. 6).

- Los documentos generados con el procesador **Word** se identifican por la sigla **.doc** con el que termina su nombre (documento de Word).
- En cambio, los generados con el procesador **Writer** se identifican por la sigla **.odt** detrás de su nombre (documento ODF).

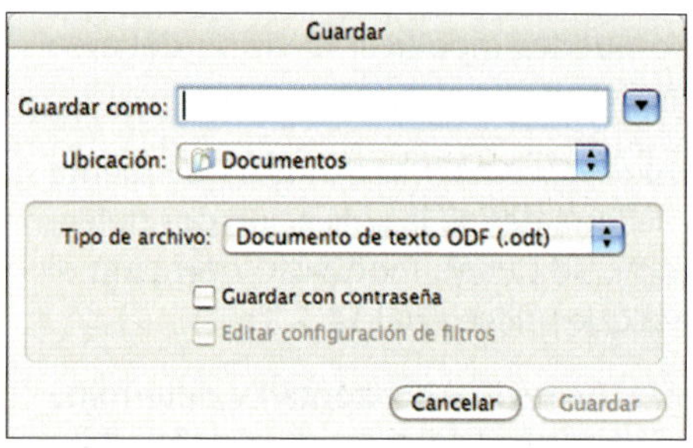

Fig. 6. Cuadro de diálogo de Writer al seleccionar la opción *Guardar como...*

3.1. Selección de fuente

Es posible modificar el *tipo*, el *tamaño*, el *estilo* e incluso el *color* de una sola letra, de una palabra, de un párrafo o de la totalidad del texto.

Para ello, basta *seleccionar el texto* y elegir los atributos de letra utilizando las **ventanas** y los **iconos** que aparecen en la *barra de herramientas* (fig. 7).

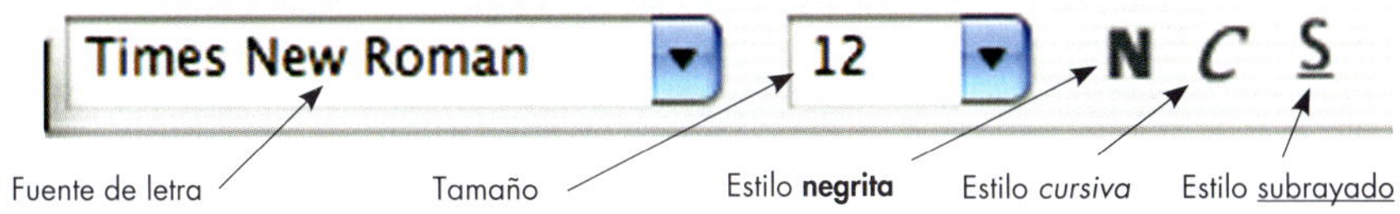

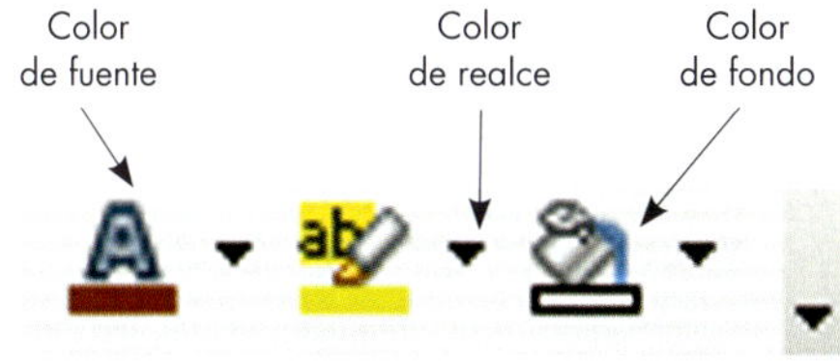

Fig. 7

3.2. Alineación del texto

La aplicación permite modificar la **alineación del texto** de cuatro modos diferentes: *a la izquierda, a la derecha, centrado* o *justificado.*

Cuando el texto está alineado **a la izquierda,** el borde izquierdo es regular mientras que el derecho es irregular. Ésta es la opción que ofrece la aplicación por defecto (fig. 8).

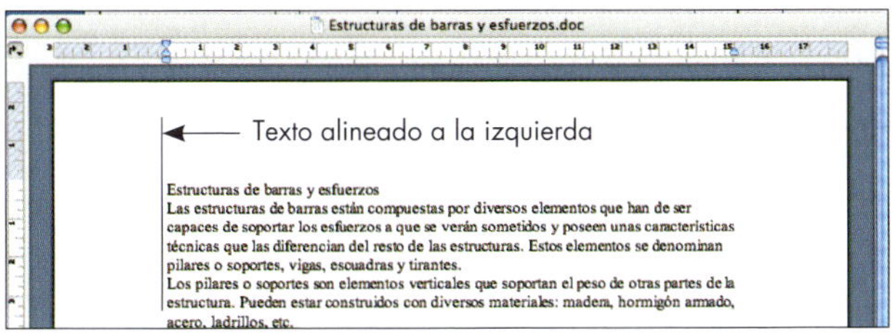

Fig. 8

Cuando el texto está alineado **a la derecha** sucede lo contrario: el borde derecho es el regular mientras que el izquierdo es irregular (fig. 9).

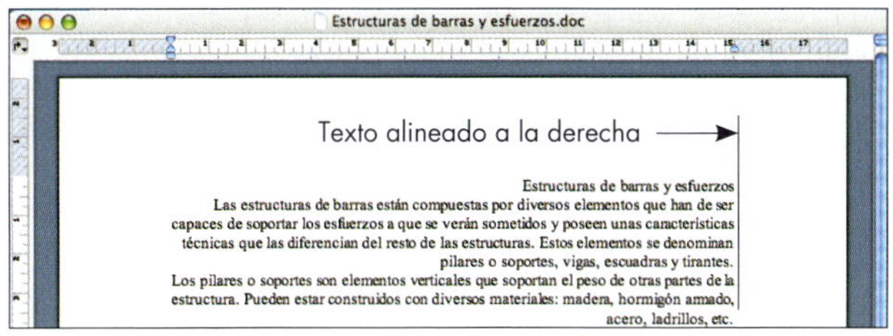

Fig. 9

Cuando el texto está **centrado,** todas las líneas se mantienen equidistantes de los márgenes izquierdo y derecho (fig. 10).

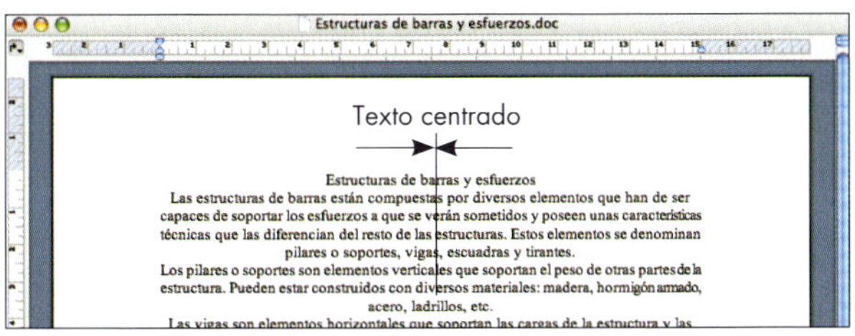

Fig. 10

Cuando el texto está **justificado,** tanto el borde izquierdo como el derecho son regulares (fig. 11).

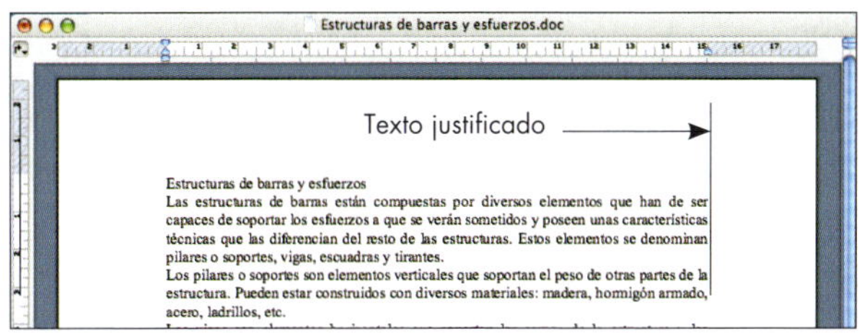

Fig. 11

Para alinear un texto hay que *seleccionarlo* previamente con ayuda del ratón y después hacer clic sobre uno de los **iconos de alineación** que aparecen en la barra de herramientas (fig. 12).

Este recurso se puede aplicar a un solo párrafo o a todo un texto completo.

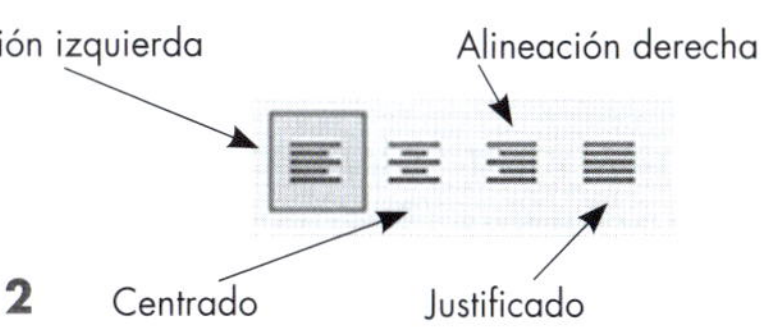

Fig. 12

ACTIVIDADES

2. Abre un documento nuevo en tu procesador y lleva a cabo las tareas siguientes.

— Escribe, a texto corrido, toda la información que aparece en la página 58 de este libro referida a las *Propiedades físicas de los materiales.*

— Asígnale un nombre y guárdalo en la carpeta *Tecnología*, subcarpeta *Documentos* que creaste en la actividad 20 de la unidad anterior.

— Comprueba si el documento, una vez guardado, contiene la sigla que corresponde a tu procesador de textos. En caso contrario, añádelo.

— Copia el texto, utilizando la opción *Copiar,* y reprodúcelo tres veces más, utilizando la opción *Pegar.*

— Alinea cada uno de los textos de una forma diferente y asigna también a cada uno un tipo, un tamaño y un estilo de letra diferente.

3.3. Espacio interlineal y sangrías

Si desplegamos el menú **Formato** de nuestro procesador y activamos la opción **Párrafo,** y se abrirá un cuadro de diálogo que nos permitirá seleccionar los valores de *espacio* entre líneas, *interlineado* y *sangrías* que nos interesa que aparezcan en el texto.

El cuadro es muy similar, tanto en el procesador **Word** (fig. 13) como en **Writer** (fig. 14).

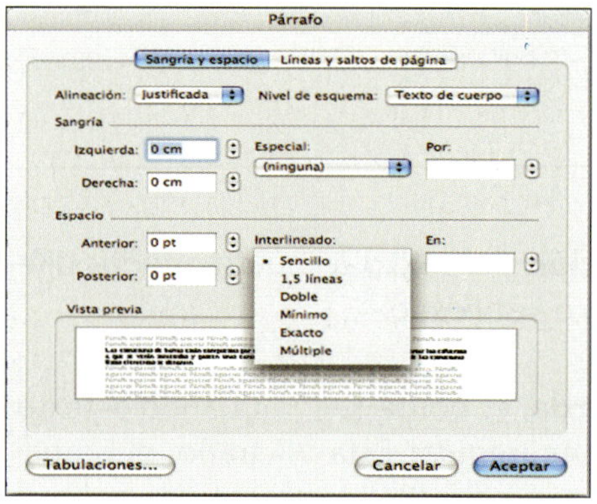

Fig. 13. Cuadro de diálogo en Word.

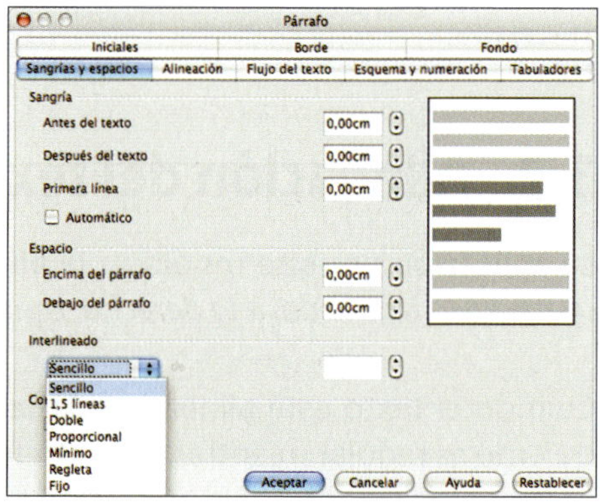

Fig. 14. Cuadro de diálogo en Writer.

Microsoft Office 2007

En la versión de **Word** que aparece en el paquete **Microsoft Office 2007,** la determinación del *espacio interlineal* se lleva a cabo desde la viñeta ***Inicio,*** sección ***Párrafo.***

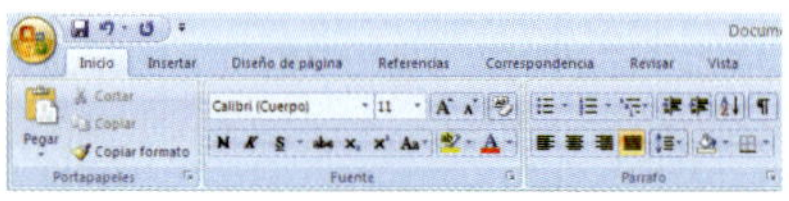

Además, la *regla* aparece desactivada por defecto. Para activarla y poder colocar las sangrías, hay que acudir a la viñeta ***Vista*** y marcar la casilla ***Regla.***

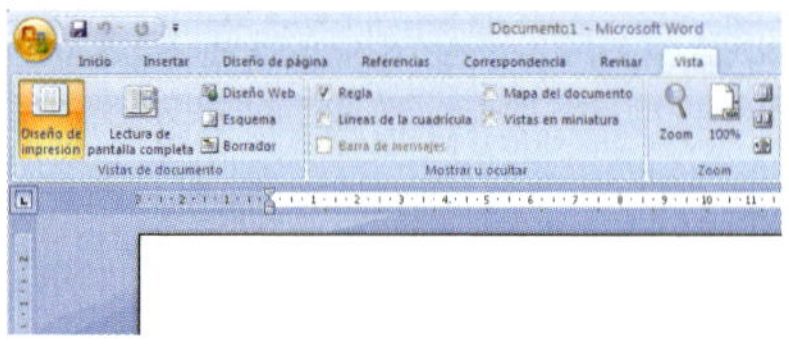

Una vez abierto el cuadro, determinamos los valores de **espacio** (anterior y posterior al texto) e **interlineado.**

La **sangría** del texto consiste en *desplazarlo de los márgenes de escritura* un espacio predeterminado. Puede aplicarse al *margen izquierdo,* al *margen derecho,* a *ambos márgenes* o sólo a la primera línea, desplazándola hacia en interior del texto o bien al contrario (sangría francesa).

Toda esta información hay que consignarla en el mismo cuadro de diálogo.

También es posible obtenerla actuando sobre la **regla horizontal.**

Para sangrar un párrafo **por la izquierda,** hay que hacer clic sobre el *cuadro inferior de la marca de sangría izquierda* y arrastrarla hasta donde se haya de adentrar el párrafo (fig. 15).

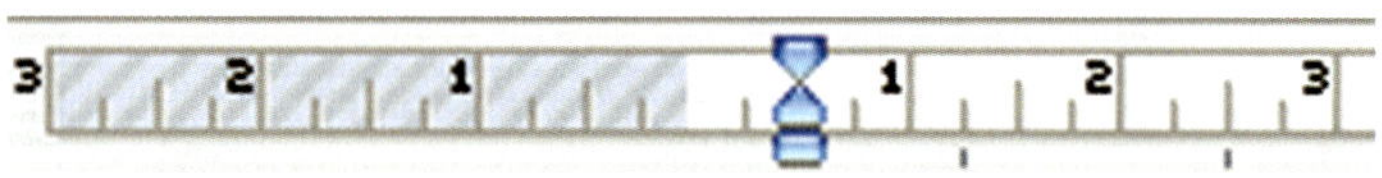

Fig. 15

Para sangrar un cuadro **por la derecha,** hay que hacer clic sobre la *marca de sangría derecha* y proceder del mismo modo que en el caso anterior (fig. 16).

Fig. 16

Para sangrar sólo la **primera línea,** hacemos clic sobre la *parte superior de la marca de sangría izquierda* y la desplazamos. La parte inferior ha de permanecer inmóvil (fig. 17).

Fig. 17

Para obtener la **sangría francesa** procedemos al revés: desplazamos sólo la parte inferior de la marca de sangría izquierda mientras la parte superior permanece inmóvil (fig. 18).

Fig. 18

ACTIVIDADES

3. Abre de nuevo uno de los cuatro documentos creados en la actividad anterior sobre propiedades físicas de los materiales.

— Aplica diferentes valores de espacios, interlineado y sangrías hasta obtener un formato que sea de tu agrado.

— Aplica la sangría francesa y valora su efecto visual en el texto.

3.4. Bordes y sombreado

La aplicación permite también destacar palabras, frases, párrafos o incluso el texto entero por medio de un **cuadro** que lo delimita.

En este cuadro podemos definir el *borde* y el *sombreado*.

El procedimiento varía ligeramente según si trabajamos con **Word** o bien con **Writer.**

Microsoft Office 2007

En esta versión, la opción *Bordes y sombreado* se localiza en la viñeta ***Inicio,*** cuando se despliega el icono ***Bordes.***

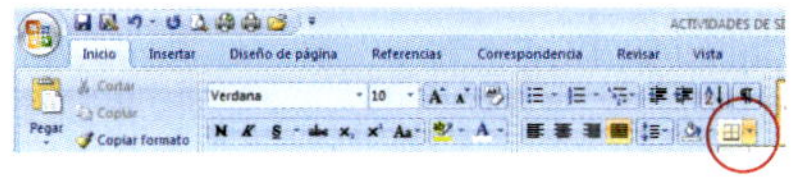

Bordes

Si trabajamos con **Word,** para definir el borde, hay que seleccionar primero el texto al que se aplica, desplegar el menú *Formato* y elegir la opción *Bordes y sombreado.*

En el cuadro de diálogo, hacemos clic en la pestaña **Bordes** del cuadro de diálogo y seleccionamos el *valor,* el *estilo,* el *color* y la *anchura* del borde del cuadro (fig. 19).

Si trabajamos con **Writer,** también hay que seleccionar primero el texto al que se aplica y luego desplegar el menú *Formato* y elegir la opción *Párrafo.*

En el cuadro de diálogo, hacemos clic en la pestaña **Bordes** y seleccionamos la *disposición de líneas,* el *estilo,* el *color,* la *distancia al texto* y la posición y el color de la *sombra* (fig. 20).

Fig. 19

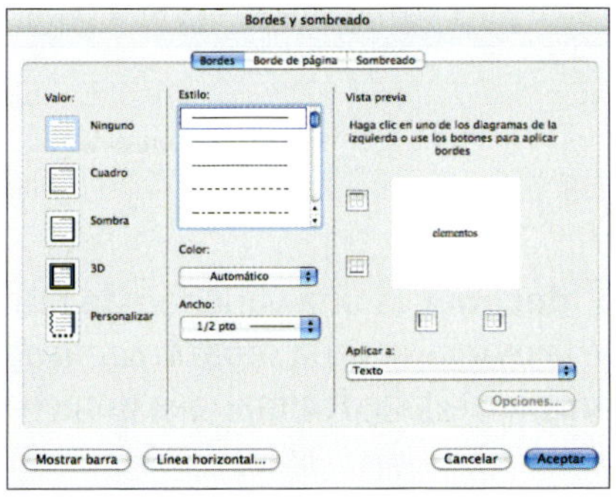

Fig. 20

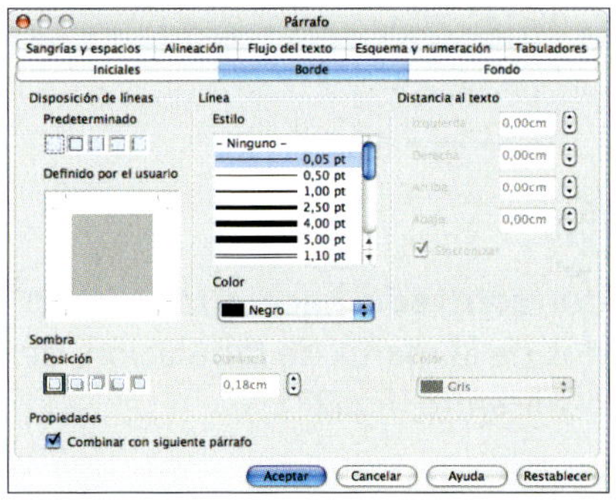

Sombreado

En **Word,** para definir el sombreado, hay que abrir la misma opción de menú y hacer clic en la pestaña **Sombreado** del cuadro de diálogo.

En él podemos elegir el *color de relleno* y la *trama* que queremos aplicar al texto seleccionado (fig. 21).

En **Writer** también hay que abrir la misma opción de menú que en el caso de los bordes y hacer clic en la pestaña **Fondo** del cuadro de diálogo. .

En este caso sólo podemos seleccionar el *color de fondo* porque la aplicación no da opción a tramas (fig. 22).

Fig. 21

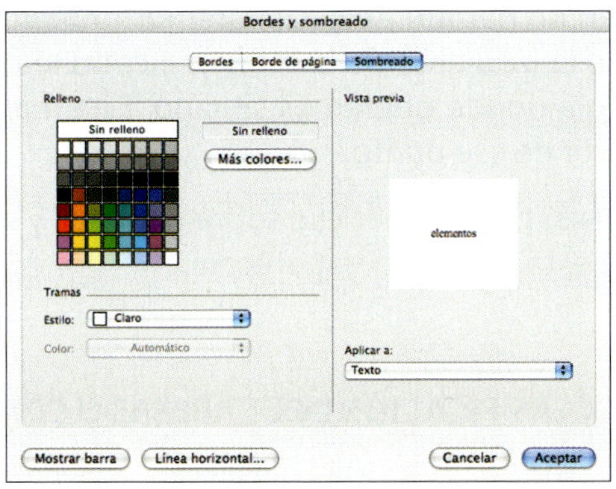

Fig. 22

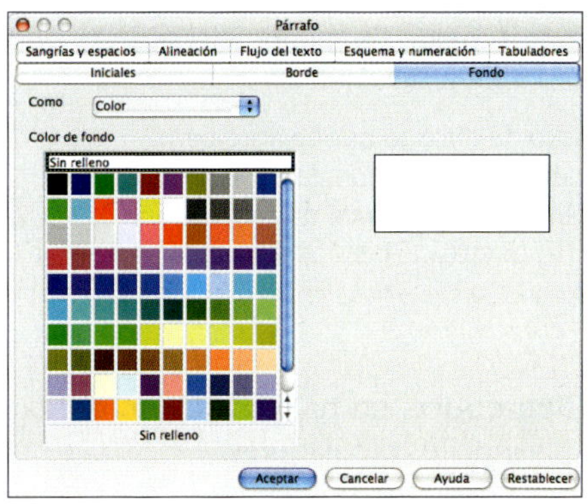

ACTIVIDADES

4. Utilizando de nuevo el mismo documento de las actividades anteriores, procede del modo siguiente:

— Selecciona, uno a uno, los párrafos que hacen referencia a las propiedades y define el mismo borde para todos.

— Vuelve a seleccionarlos y aplica ahora un fondo de color diferente para cada uno.

Fig. 23. Tecla de tabulación.

3.5. Tabulaciones

Las **tabulaciones** son las *marcas* que indican el lugar en el que situará el cursor cuando el usuario pulsa la tecla de *tabulación* (fig. 23).

Los tabuladores se seleccionan desde una **ventana** que aparece a la izquierda de la *regla horizontal* y pueden ser de **cuatro tipos:** *izquierdo, derecho, centrado* y *decimal* (fig. 24).

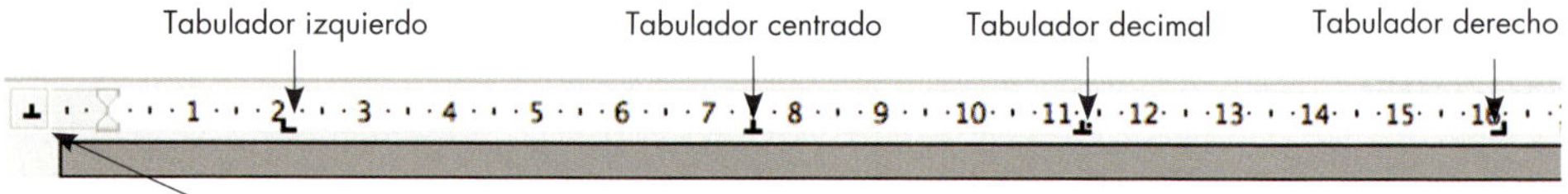

Fig. 24

El tabulador **izquierdo** hace que el texto se escriba a partir del punto en que se encuentra la marca de tabulación, de modo que ésta constituye su *límite por la izquierda* (fig. 25).

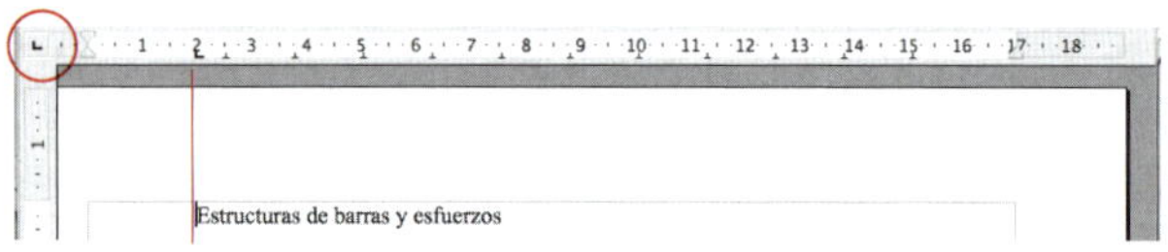

Fig. 25

El tabulador **derecho** hace que el texto se escriba hasta el punto en que se encuentra la marca de tabulación, de modo que ésta constituye su *límite por la derecha* (fig. 26).

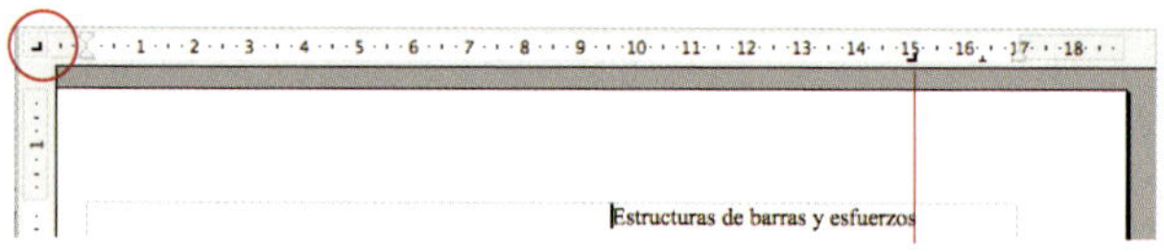

Fig. 26

El tabulador **centrado** hace que el texto se distribuya a ambos lados de la marca de tabulación, de modo que ésta se sitúa en su *centro* (fig. 27).

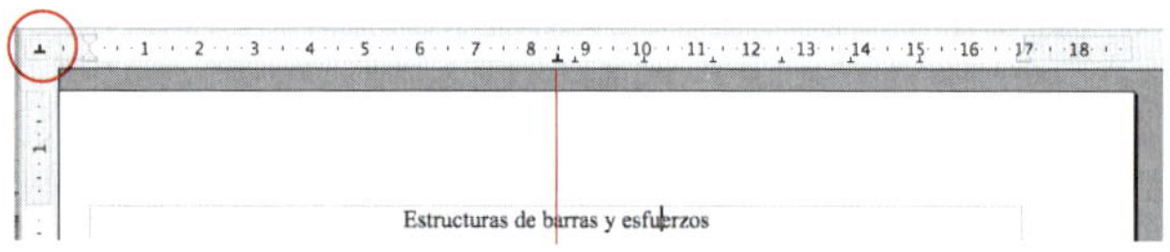

Fig. 27

El tabulador **decimal** es una variedad de tabulador centrado en el que la marca se sitúa *sobre la coma decimal:* la parte entera a la izquierda y la decimal, a la derecha (fig. 28).

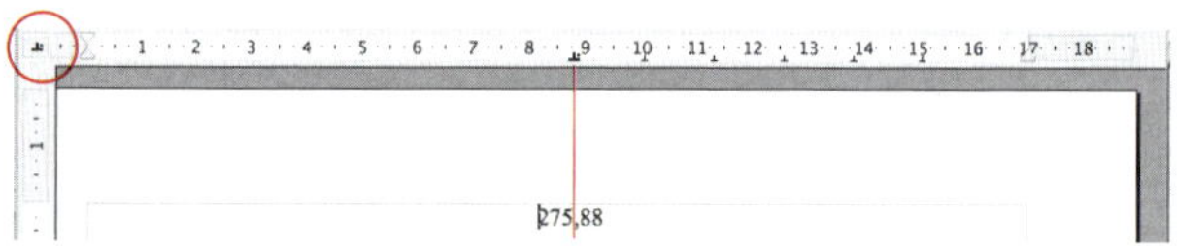

Fig. 28

Alternativa

El procesador **Word** permite fijar y eliminar tabuladores de modo analítico desplegando el menú *Formato* y seleccionando la opción *Tabulaciones.*

El cuadro de diálogo que se abre permite establecer la *posición*, la *alineación* y el *relleno* de cada marca de tabulación.

En principio, los procesadores de texto suelen fijar, por defecto, *un tabulador izquierdo cada 1,25 cm,* lo que significa que cada vez que pulsamos la tecla de tabulación, el cursor avanza 1,25 cm.

- Para **fijar tabuladores** en un párrafo, seleccionaremos primero el tipo de tabulador en la ventana de la izquierda de la regla y, a continuación, hacemos clic en el punto de la regla donde queremos situarlo. Esta marca se aplicará a todos los párrafos a partir de ese punto.
- Para **eliminar tabuladores,** basta hacer clic sobre la marca y arrastrarla con el ratón fuera de la regla: el tabulador desaparecerá.

ACTIVIDADES

5. Reproduce, en tu procesador, el texto siguiente empleando los tabuladores.

— En el encabezado TIPO y su columna, utiliza un tabulador izquierdo a 2 cm.

— En el encabezado NÚCLEO, tabulador centrado a 7 cm y, en su columna, tabulador decimal a 7 cm.

— En el encabezado DIÁMETRO y su columna, tabulador derecho a 13 cm.

CLASIFICACIÓN DEL CABLEADO COAXIAL

TIPO	NÚCLEO (mm)	DIÁMETRO (mm)
RG-6/U	1,0	0,332
RG-8/U	2,17	0,405
RG-174/U	0,4	0,10
RG-218	0,195	0,8
RG-223	2,7	0,4053

3.6. Texto en columnas

Por defecto, los procesadores ofrecen el texto en **una sola columna** cuyas dimensiones pueden observarse en la regla horizontal.

Pero también es posible organizar el texto en **dos o más columnas** de anchura igual o diferente. El procedimiento para definirlas es prácticamente idéntico en cualquier procesador.

— Seleccionamos primero el texto que queremos distribuir en columnas.

— Desplegamos el menú *Formato* y elegimos la opción *Columnas*. Los cuadros de diálogo permiten seleccionar el *número* de columnas, su *anchura* y el *espacio* entre columnas. Ofrece también la posibilidad de insertar una *línea vertical de separación* entre columnas (figs. 29 y 30).

Microsoft Office 2007

Para definir las *columnas* en esta versión, hay que acceder a la viñeta ***Diseño de página*** y desplegar el icono ***Columnas.***

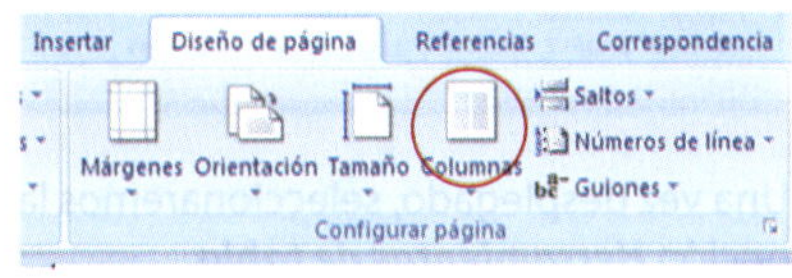

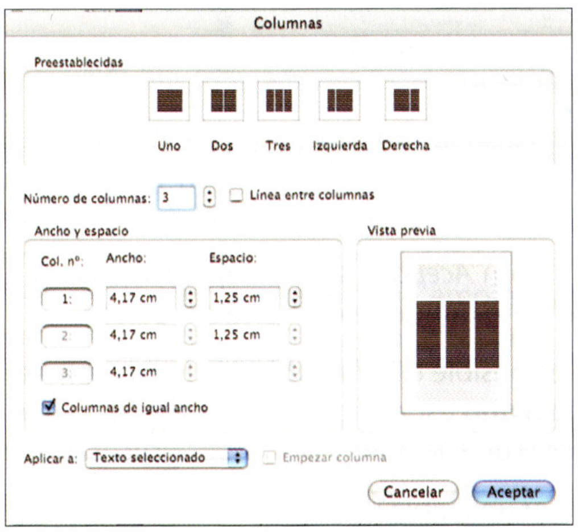

Fig. 29. Definición de columnas en Word.

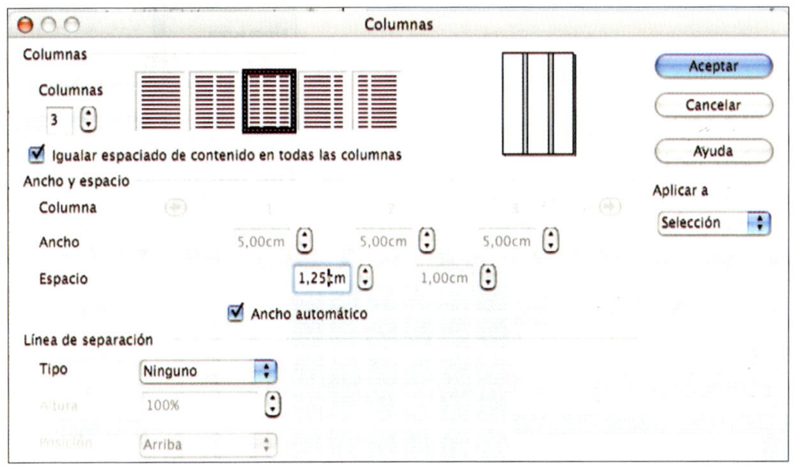

Fig. 30. Definición de columnas en Writer.

3.7. Numeración y viñetas

También es posible organizar el texto en forma de **esquema numerado** o bien utilizar **viñetas** para destacar los párrafos.

— Como en el caso anterior, seleccionamos primero el texto que queremos organizar.

— Desplegamos el menú *Formato* y elegimos la opción *Numeración y viñetas*. Los cuadros de diálogo ofrecen una amplia variedad de sistemas de organización en cada una de las pestañas: viñetas, números, esquemas numerados, dibujos y otras opciones (figs. 31 y 32).

Microsoft Office 2007

En esta versión, los iconos que permiten aplicar ***Numeración y viñetas*** se localizan en la pestaña ***Inicio.***

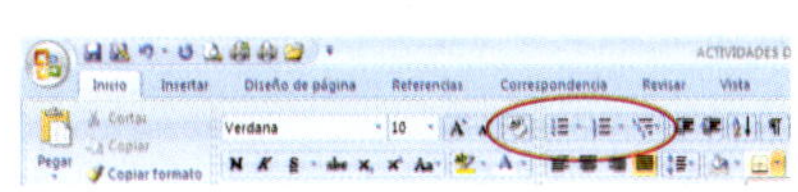

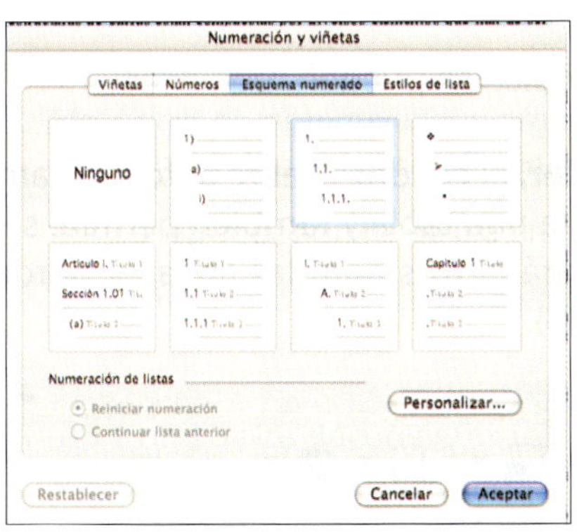

Fig. 31. Esquemas numerados en Word.

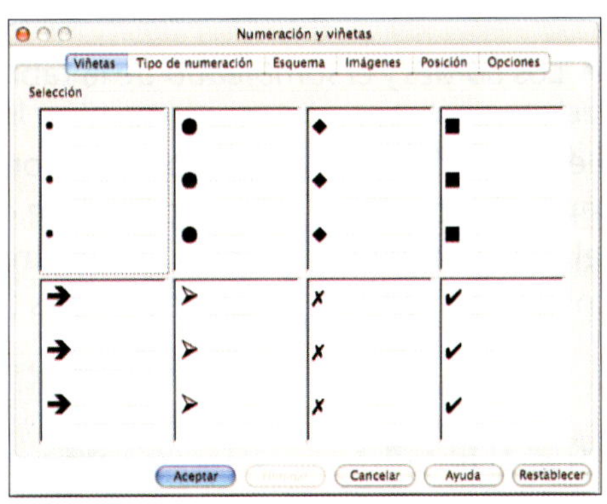

Fig. 32. Tipos de viñetas en Writer.

5. Programas de presentaciones

Un **programa de presentaciones** es una aplicación que permite establecer una secuencia ordenada de diapositivas que, además de imágenes fijas, pueden contener textos, vídeos, gráficos, animaciones, etc.

Este tipo de programas tiene muchas aplicaciones: exposición de temas, presentación de un producto, publicidad, sistemas de proyección, libros, cajeros automáticos, etc.

Como en el caso de los procesadores, las diferencias entre los programas de presentaciones radican en el modo de llevar a cabo el montaje, ya que los recursos son muy similares.

Nos fijaremos, pues, en dos programas concretos: el conocido con el nombre de **PowerPoint,** que ofrece *Microsoft Office,* y el denominado **Impress,** que integra *OpenOffice.*

5.1. PowerPoint e Impress

Como en el caso del procesador de textos, el mejor modo de aprender a trabajar con un programa de presentaciones es partir de un problema inicial. Es lo que vamos a hacer.

EJEMPLO 2

La profesora de Educación Plástica y Visual ha pedido a sus alumnos que confeccionen una presentación sobre la forma de confeccionar el boceto de una estantería.

La condición impuesta es que el boceto se vaya configurando poco a poco y que se incluyan, además, explicaciones sobre el contenido de cada diapositiva.

Microsoft Office 2007

La interfaz de trabajo que ofrece la versión de **PowerPoint** integrada en este paquete es muy similar a las que se presentan en la unidad.

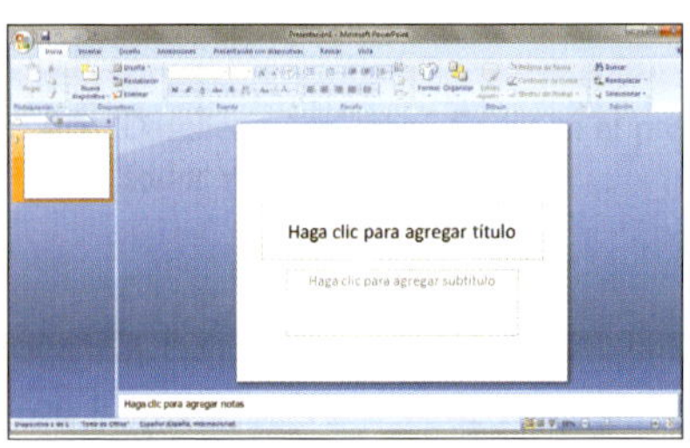

Para generar una **nueva presentación** procederemos del modo siguiente:

— Iniciamos el programa de presentaciones desde el menú *Inicio* con la opción *Todos los programas,* o bien desde un *icono de acceso directo.*

— Desplegamos el menú *Archivo* y seleccionamos la opción *Nueva presentación* o *Nuevo* (según el procesador que empleemos). Se abrirá una primera pantalla con un formato muy parecido (fig. 51).

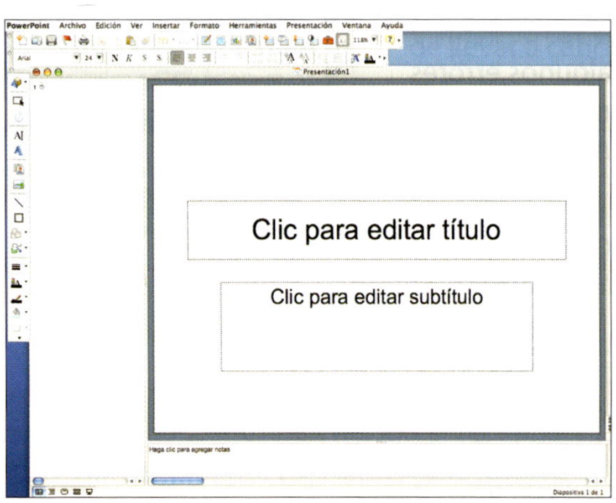

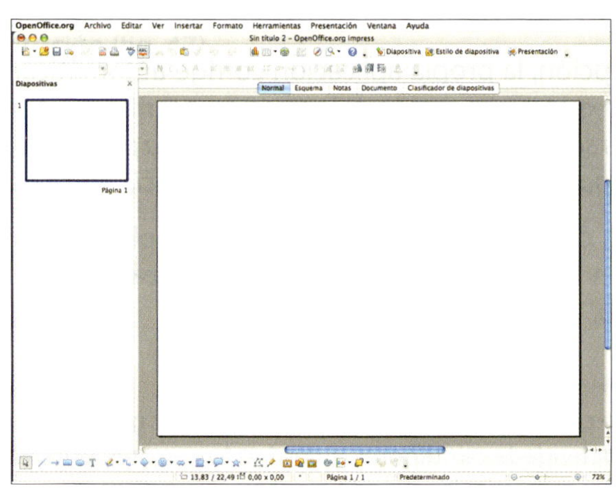

Fig. 51. Pantallas de inicio de los programas de presentaciones PowerPoint e Impress.

Como puedes ver, la pantallas de los programas de presentaciones son similares aunque presentan las opciones de trabajo de forma diferente.

- En la parte superior de ambas se puede ver la **barra de menús,** muchos de los cuales son comunes a otras aplicaciones: *Archivo, Edición, Ver, Insertar, Formato, Herramientas, Presentación, Ventana* y *Ayuda.*

- Gran parte de la zona central la ocupa el **área de edición,** en la que aparece un diseño de diapositiva, dispuesta para incorporar textos, imágenes, videos, animaciones, fondos, texturas, etc.

  — En la versión de **PowerPoint,** el **espacio para notas** se encuentra en la parte inferior, separado del área de edición.

  — En la versión de **Impress,** en cambio, el **espacio para notas** se localiza en la misma área de edición, debajo del destinado a la diapositiva.

- La zona de la izquierda es un **área informativa** en la que es posible visualizar todas las diapositivas de que consta la presentación. Además, indica en qué diapositiva nos encontramos.

  Desde ella es posible acceder a cualquier diapositiva: basta con hacer clic sobre su icono con el ratón y aparece en el área de trabajo.

- El **modo de la presentación** cambia bastante de un programa a otro. Así:

El programa **PowerPoint** muestra unos **iconos** en su parte inferior que permiten cambiar de vista: *normal, esquema, diapositiva, clasificador de diapositivas* y *presentación con diapositivas* (fig. 52).

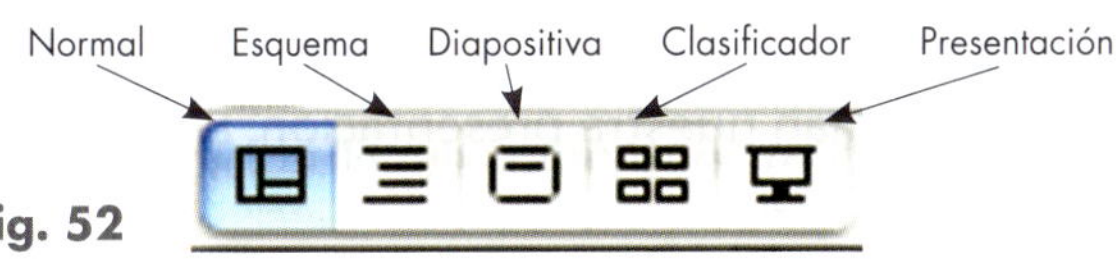

Fig. 52

En el modo **normal,** el contenido textual de las diapositivas aparece en el *área informativa* y una de ellas ocupa todo el espacio del *área de edición.*

En el modo **esquema,** el *área informativa* se amplía hasta ocupar casi toda la pantalla.

En el modo **diapositiva,** sólo aparece en pantalla el *área de edición.*

El modo **clasificador de diapositivas** ofrece un esquema gráfico en el que se muestran todas las diapositivas de la presentación.

Finalmente, en el modo **presentación,** cada diapositiva se visualiza a pantalla completa en el monitor del ordenador.

El programa **Impress** muestra una serie de pestañas en la parte superior que ofrecen casi las mismas opciones de visualización: *normal, esquema, notas, documento* y *clasificador de diapositivas* (fig. 53).

Fig. 53

En el modo **normal,** el *área informativa* muestra la secuencia de las diapositivas y una de ellas ocupa todo el espacio del *área de edición.*

En el modo **esquema,** el *área informativa* no varía y el *área de edición* muestra el contenido textual.

En el modo **notas,** el *área de edición* incorpora un espacio para escribir notas que no aparecen en la presentación.

El modo **clasificador de diapositivas** muestra sólo la secuencia de diapositivas que aparecía en el *área informativa.*

Al modo **presentación,** a diferencia de PowerPoint, no se puede acceder desde estas pestañas.

- Las **herramientas de trabajo** se obtienen, en ambos procesadores , desplegando el menú *Ver* y, dentro de él, la opción *Barras de herramientas.*

  Al seleccionar cualquiera de ellas, aparece un cuadro en pantalla que nos permite elegir la que más nos interese. En las imágenes de la página anterior se puede apreciar el despliegue de las barras *Estándar, Formato* y *Dibujo* pero hay muchas más opciones.

5.3. Nuevas diapositivas

Una vez configurada una diapositiva, hay que pasar a la siguiente. Para conseguirla, podemos llevar a cabo diferentes tareas.

- Hacer clic en el icono *Nueva diapositiva* que se localiza en la *barra de herramientas estándar* del programa.
- Desplegar el menú *Insertar* y seleccionar *Diapositiva* (Impress) o *Nueva diapositiva* (PowerPoint).

  En ambos casos, el programa generará, por defecto, una diapositiva con el mismo diseño que la anterior.
- También podemos desplegar el menú *Insertar* y seleccionar *Duplicar página* (Impress) o *Duplicar diapositiva* (PowerPoint).

  En este caso, el programa reproducirá de nuevo la diapositiva anterior, con todos sus elementos, lo que nos permite aprovecharlos sin necesidad de volverlos a generar.

Sobre la nueva diapositiva realizaremos las mismas tareas de *inserción*, *modificación* y *animación* de elementos ya descritas.

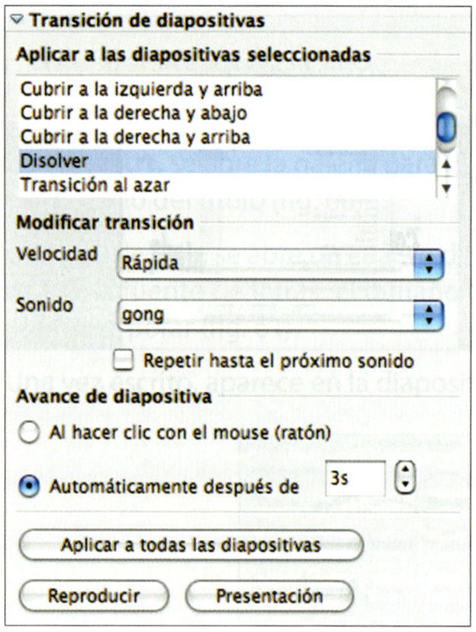

Fig. 69. Preferencias para transición de diapositivas de Impress.

Transiciones

Si desplegamos el menú *Presentación* y seleccionamos *Transición de diapositiva,* se abre un cuadro de diálogo muy similar en ambos programas (fig, 69) que nos permite seleccionar:

- El efecto de **transición** de una diapositiva a la siguiente. Hay una gran variedad de posibilidades: *cubrir, disolver, dividir en barras, barrido,* etc.
- La **velocidad** de paso de una diapositiva a otra: *lenta, media* o *rápida.*
- El **avance** a la siguiente diapositiva, que puede ser *manual* (haciendo clic con el ratón) o *automático* (después de un tiempo prefijado).
- El **sonido** que acompaña a la transición.

Además, las preferencias seleccionadas se pueden aplicar a cada diapositiva o a todas a la vez (fig. 69).

5.4. Finalización del documento

Cuando hemos incorporado todos los efectos y toda la información a la presentación, podemos guardar el documento siguiendo el procedimiento habitual: desplegamos el menú *Archivo,* seleccionamos la opción *Guardar como...* y asignamos un nombre al documento.

- Las presentaciones en **PowerPoint** se identifican con las siglas **.ppt o .pps** al final del nombre.
- Las generadas con **Impress** se identifican, como ya sabemos, con la siglas **.odt** al final del nombre (presentación ODF).

Si ahora seleccionamos la vista *Clasificador de diapositivas,* podremos analizar el conjunto de la presentación. Debajo de cada miniatura aparecen unos iconos que identifican los efectos aplicados (fig. 70).

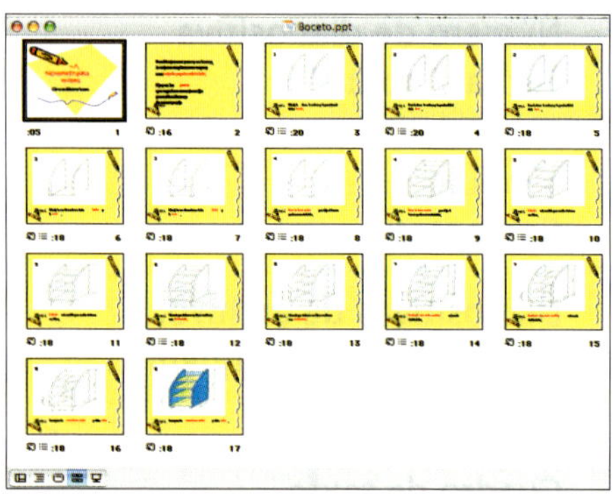

Fig. 70. Vista *Clasificador de diapositivas* con indicación de intervalos y transiciones.

ACTIVIDADES

18. Confecciona una diapositiva con el programa de presentaciones de que dispongas que conste de un título y una imagen.

a) Modifica el formato del título, incorpora una imagen y configura el fondo.

b) Asigna algún efecto de animación al título.

19. Vas a confeccionar un documento de texto que incluya imágenes con la ayuda de tu procesador.

Procede del modo siguiente:

a) Abre un documento nuevo y escribe en él, a texto corrido, toda la información que aparece en la página 64 de este libro referida a *Tableros manufacturados*.

b) Asígnale un nombre y guárdalo en la carpeta *Tecnología*, subcarpeta *Documentos* que creaste en la actividad 20 de la unidad anterior.

c) Aplica al título la alineación *Centrado* y al resto del documento, la alineación *Justificado.*

d) Define, para todo el texto un *espacio interlineal a*nterior de 0 puntos y uno posterior de 3 puntos. El *interlineado,* sencillo.

e) Actúa sobre las marcas de *sangría* de la regla horizontal de modo que la primera línea de cada párrafo se separe 5 mm del margen.

f) Selecciona la definición de tablero manufacturado y enmárcala con un *cuadro.* Después, *sangra* el cuadro 2 cm a izquierda y derecha, define la anchura de su *borde* a 1 punto y aplícale un *color* de tono anaranjado.

g) Destaca los párrafos que describen cada uno de los diferentes tipos de tableros con una viñeta. Para ello, abre la galería de tu procesador, selecciona el tipo de viñeta que más te guste y aplícalo a cada párrafo.

h) Localiza, en tus propios archivos o en la red internet, una imagen de tablero contrachapado y otra de un objeto confeccionado con él. Cópialas y pégalas a continuación del párrafo correspondiente. El resultado debe ser parecido al que aparece en la imagen siguiente (fig. 71).

Fig. 71

Incorpora cuadros de texto debajo de las imágenes, de la misma anchura que éstas, y escribe un pie para cada una en el que se describa su contenido.

i) Repite el mismo proceso anterior con el tablero de fibra y con el tablero aglomerado.

j) Confecciona una tabla resumen, al final del documento, con las características de cada tipo de tablero. Utiliza los recursos del procesador y sigue el modelo.

TABLEROS MANUFACTURADOS			
DENOMINACIÓN	ELABORACIÓN	PROPIEDADES	APLICACIONES
....	....	....	....

Presentación de un contenido informativo

Las actividades que te proponemos a continuación tienen por objetivo generar una presentación titulada **Componentes de un ordenador** para proyectarla después a tus compañeros. Las imágenes están generadas a partir de Microsoft PowerPoint 2007.

En tu caso, utiliza el programa de presentaciones de que dispongas y procede paso a paso, tal y como se indica a continuación. El procedimiento, como sabes, es muy similar en unos programas y en otros.

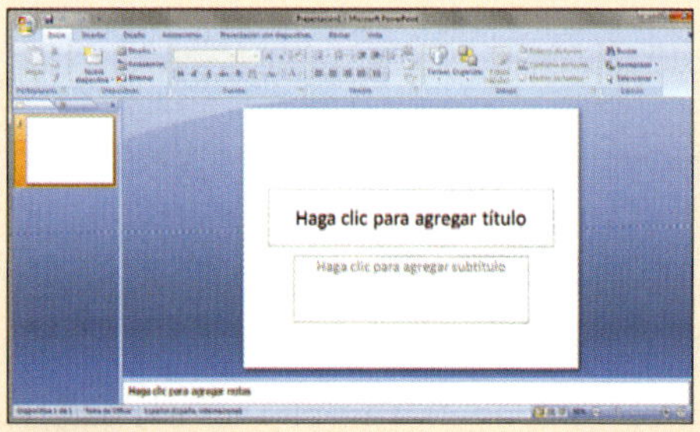

Fig. 72

20. Abre el programa de presentaciones de tu ordenador. Observa que la aplicación, por defecto, genera una *primera diapositiva* en el área de trabajo (fig. 72).

— Inserta unas cuantas diapositivas más con ayuda del icono *Nueva diapositiva* que se encuentra en la pestaña *Inicio*.

Como la información que vas a alojar en cada una de las diapositivas es variable, lo mejor será que les asignes un *diseño en blanco* o vacío. De este modo tendrás completa libertad para incluir tanto cuadros de texto como imágenes (fig. 73).

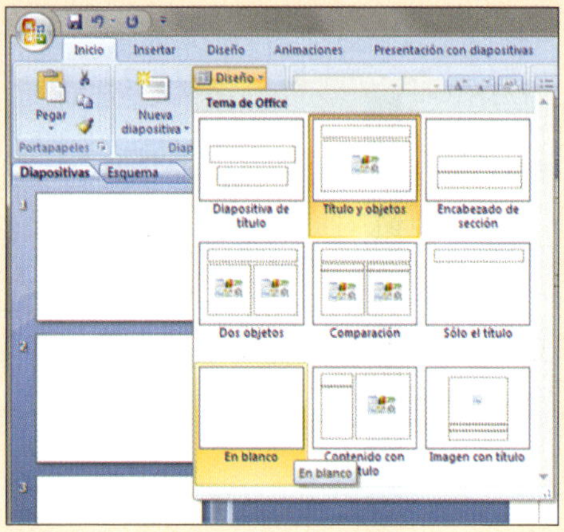

Fig. 73

— Establece ahora un *formato* homogéneo a todas las diapositivas que conforman la presentación. Para ello, haz clic en la pestaña *Diseño* y selecciona alguno de los modelos que se ofrecen (fig. 74).

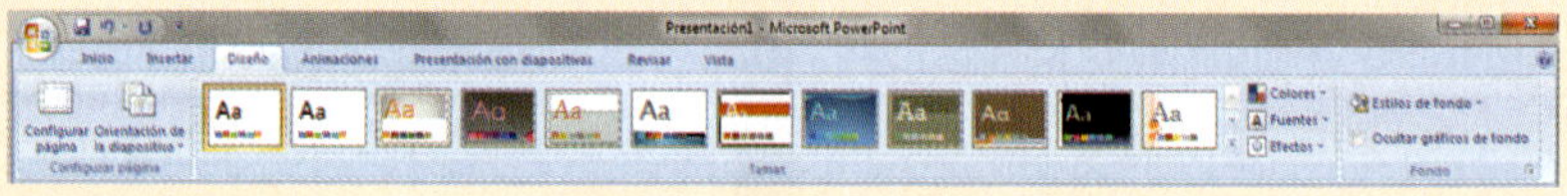

Fig. 74

— Dentro de esta viñeta nos encontramos con un apartado denominado *Fondo*. Si lo desplegamos, encontraremos diversas posibilidades para el fondo de la diapositiva: *relleno sólido, relleno degradado, relleno con imagen, texturas...* (fig. 75).

Observa que es en esta ventana donde puedes decidir si la configuración escogida la quieres aplicar a *todas las diapositivas*.

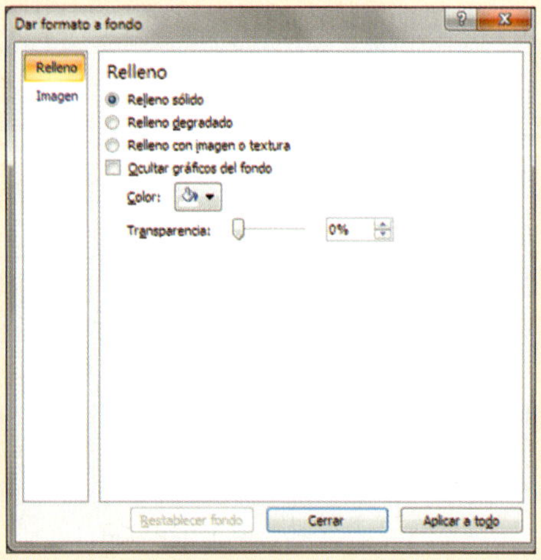

Fig. 75

21. Una vez definido el fondo y el estilo de las diapositivas, confecciona un esquema con el contenido que aparecerá en cada una de ellas y comienza a introducirlo.

— Recuerda que, para introducir texto es necesario insertar un *cuadro de texto* en el interior de cada diapositiva, para lo que habrá que desplegar la pestaña *Insertar* (fig. 76).

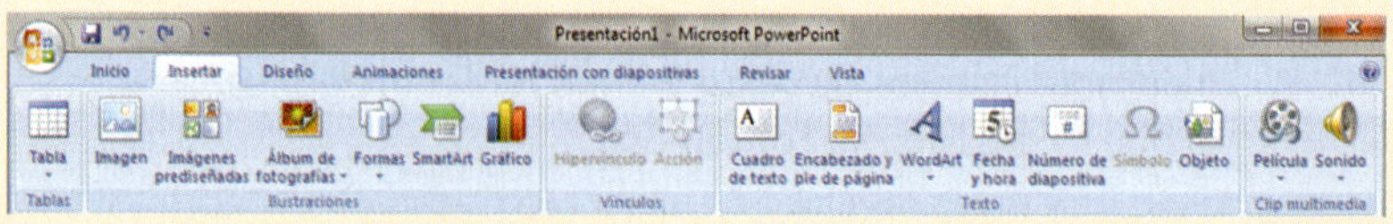

Fig. 76

Una vez generado, puedes completarlo desde el teclado o utilizando textos de otros documentos, mediante las opciones *Copiar* y *Pegar* de la pestaña *Inicio*.

— Algo parecido sucede con las *imágenes*. Éstas pueden proceder de nuestros archivos o de la red Internet. En cada caso tendrás que proceder como corresponda.

22. Modifica y ajusta el tipo, el tamaño y el estilo de la letra de cada cuadro. Ajusta también los parámetros de espaciado e interlineado. Para ello, utiliza las diferentes opciones que ofrecen las secciones *Fuente* y *Párrafo* del menú *Inicio* (fig. 77).

23. Confecciona también el *título* de la presentación y los de las diferentes diapositivas. Para ello, puedes utilizar la opción *WordArt*, cuyo icono se encuentra también en la pestaña *Insertar*.

Esta opción de la aplicación nos permite innumerables cambios en los atributos de forma, estilos, contornos, color, dirección del texto, etc. (fig. 78).

24. Cuando hayas finalizado el desarrollo del contenido de las distintas diapositivas, despliega la pestaña *Vista* y selecciona el icono *Clasificador de diapositivas*. Así podrás analizar el contenido de toda la presentación (fig. 79).

También es posible acceder a ella mediante el icono que hay en su parte inferior.

25. Aplica animaciones a los objetos y transiciones a las diapositivas. Para ello:

— Selecciona el objeto al que deseas aplicar un efecto de *animación*.

— Despliega la pestaña *Animaciones* y selecciona *Personalizar animación*. En el cuadro de diálogo que se abre, marca la que más te guste para el objeto seleccionado (fig. 80).

— Repite este procedimiento con los demás objetos.

— Sitúate ahora en la primera diapositiva de la presentación y, en la misma pestaña *Animaciones*, selecciona *Transición a esta diapositiva*. En el nuevo cuadro de diálogo, selecciona el formato que más te guste.

Las transiciones de las sucesivas diapositivas se pueden definir una a una o bien aplicar uno de ellos a todas las demás.

26. Comprueba el funcionamiento de la presentación.

— Sitúate en la primera diapositiva y selecciona el icono *Presentación con diapositivas* que se encuentra en la pestaña *Vista*. El ordenador ofrece la secuencia de diapositivas a pantalla completa desde la diapositiva seleccionada.

— Pulsa la tecla f5. En este caso, el ordenador ofrecerá la presentación a pantalla completa desde la primera diapositiva, independientemente de la que tengas seleccionada en ese momento.

27. Si estás de acuerdo con el resultado, guarda el documento.

— Si seleccionas la opción *Guardar*, el sistema te solicitará información acerca del nombre del archivo y su ubicación y lo guardará en formato **.pptx**, que nos permite abrirlo para seguir trabajando sobre él.

— Si seleccionas la opción *Guardar como...*, el sistema ofrece diversas opciones, entre las que destaca la posibilidad de guardarlo en formato **.ppsx**. De este modo, siempre se abrirá en modo *Presentación* (fig. 81).

Fig. 77

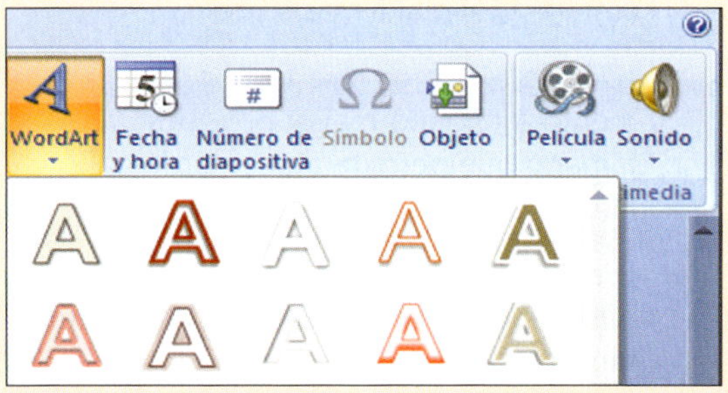

Fig. 78

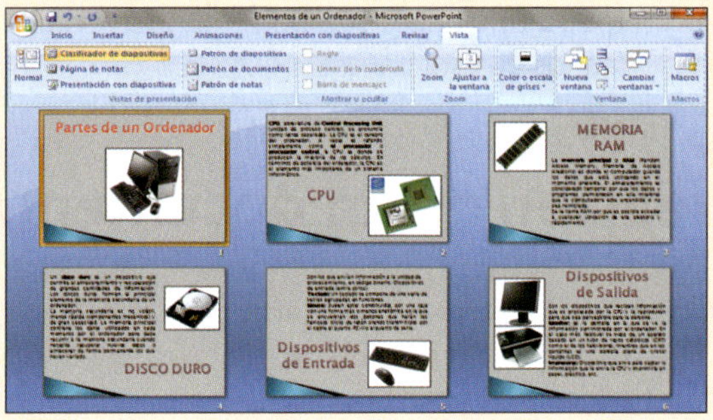

Fig. 79

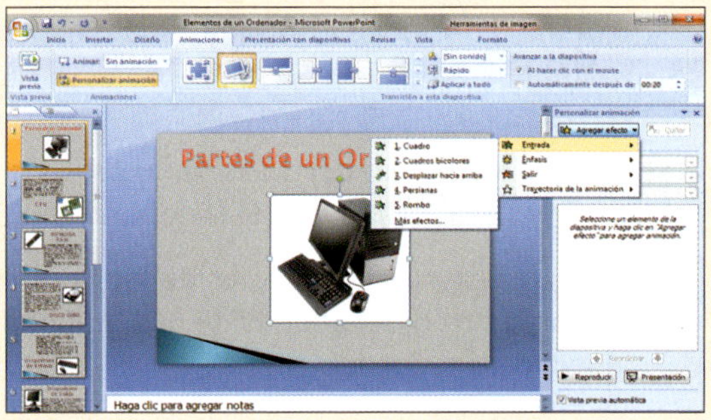

Fig. 80

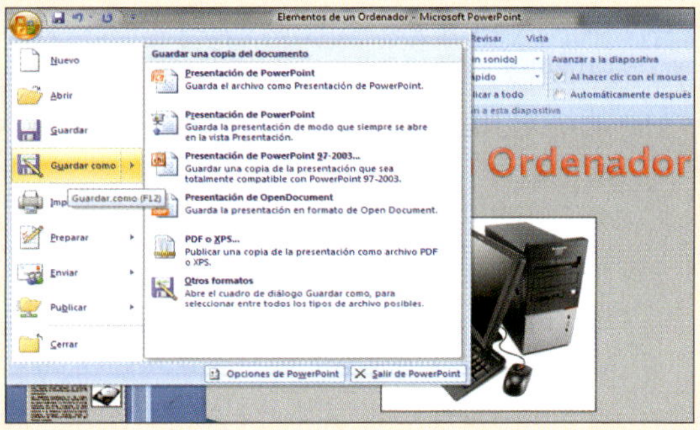

Fig. 81

Los procesadores de textos

28. Abre un documento cualquiera elaborado con el procesador de textos de que dispongas y responde a las preguntas siguientes.

a) ¿Cómo podemos conseguir que se abra un nuevo documento en blanco?

b) ¿Qué hay que hacer para ocultar la ventana del documento que tenemos en pantalla? ¿Cómo podremos recuperar la ventana más tarde?

c) ¿Dónde tenemos que acudir para visualizar el documento a tamaño mayor o menor? ¿Cuál es el máximo tamaño que permite aumentar la aplicación? ¿Y el mínimo?

d) ¿Se puede modificar la configuración de la página? ¿Qué opción de menú nos lo permite? ¿De qué otro modo es posible también modificar la posición de los márgenes?

e) ¿Para qué sirve la barra de herramientas? ¿Están visibles todos los iconos? ¿Cómo se pueden visibilizar u ocultar iconos de esta barra?

Creación de un documento

29. Explica qué tienes que hacer para cambiar el nombre y la ubicación del documento de texto que has abierto en la actividad anterior.

— Cuando lo hayas hecho, comprueba si el documento original sigue existiendo en la carpeta donde se encontraba o si, por el contrario, ha desaparecido. Explica por qué.

30. Selecciona un párrafo del documento con el que estás trabajando y lleva a cabo con él las operaciones siguientes.

a) Averigua de cuántas fuentes de letras dispone la aplicación de tu ordenador. Elige una y aplícala al párrafo que has seleccionado.

b) ¿Se puede cambiar el color de las letras? Explica cómo.

c) Observa que la aplicación te ofrece una serie de valores para modificar el tamaño de la letra. ¿Es posible adoptar un valor intermedio entre dos dados? Compruébalo.

d) ¿Qué posibilidades te da la aplicación para cambiar la alineación del texto? Elige una y aplícala al párrafo seleccionado.

e) ¿En qué menú se encuentra la opción para incorporar un marco al párrafo? Localízala y enmarca el párrafo. Utiliza el tipo de línea que prefieras.

f) Modifica el sangrado del documento de modo que aparezca desplazado 3 cm a la izquierda y 3 cm a la derecha. Explica lo que has hecho.

31. Abre un nuevo documento en blanco y confecciona una tabla con información actualizada de la clasificación de los equipos de fútbol de 1.ª división.

— La tabla ha de presentar los equipos por orden de clasificación y aportar información sobre el número de partidos jugados, ganados, empatados y perdidos, el número de goles a favor y en contra, y el total de puntos.

— Cuando la hayas completado, elige uno de los modelos de la opción *Autoformato,* dale forma e imprímela.

32. Inserta una imagen cualquiera en el mismo documento anterior.

— Si dispones de imágenes relacionadas con el fútbol en tus archivos, aprovecha una de ellas.

— En caso contrario, utiliza algunas de las imágenes prediseñadas de las que dispone la propia aplicación.

33. Comprueba la utilidad de la aplicación que permite generar títulos con formatos predeterminados. Para ello:

— Localiza dónde se encuentra el icono de la aplicación y qué nombre recibe. y haced clic sobre él.

— Haz clic sobre el icono. En el cuadro de diálogo que se abrirá, selecciona una de las opciones de formato y escribe un texto.

— Observa el resultado. ¿Se puede modificar la posición y el tamaño del cuadro de texto creado? Explica cómo.

Modificación de un documento

34. Abre un documento de texto de los que tengas en tus archivos y un nuevo documento en blanco.

— Copia un párrafo del primer documento y pégalo en el segundo. Explica lo que has hecho.

35. Explica cómo hay que proceder para llevar a cabo la corrección ortográfica de un documento de texto.

— Escribe un texto cualquiera en un documento en blanco. Al terminar, aplica la opción *Ortografía y gramática* y corrige las faltas que hayas cometido.

Programas de presentaciones

36. Abre la página principal del programa de presentaciones que tengas instalado en tu ordenador, despliega el menú *Ver* y selecciona la opción *Barras de herramientas.*

a) Enumera qué otras barras, además de la *estándar*, de *formato* y de *dibujo*, aparecen en él.

b) Abre una de ellas y averigua para qué sirve.

37. Completa las frases siguientes. Sigue el modelo.

R

a) Para obtener un nuevo documento en blanco ...

> ...abrimos el menú *Archivo* y seleccionamos la opción *Nuevo*.

b) Para seleccionar el tipo y el tamaño de letra ...

c) Para modificar el espacio entre párrafos ...

d) Para que un grupo de párrafos aparezca numerado de forma automática ...

e) Para que un párrafo aparezca enmarcado ...

f) Para que un párrafo aparezca con fondo de color o con una trama ...

g) Para insertar una tabla en un documento ...

h) Para modificar el formato de una tabla ...

i) Para copiar un fragmento de texto en otra parte del documento ...

38. Completa las frases con las palabras adecuadas.

R

a) Un procesador de textos es una aplicación o un programa que permite escribir, ... y .... archivos de .... de cualquier tipo, modificar su .... e insertar .... en ellos.

b) Un programa de presentaciones es una aplicación que permite establecer una secuencia ordenada de .... que, además de imágenes ...., pueden contener textos, vídeos, ..., ..., etc.

39. Para participar en un concurso escolar, hay que confeccionar un crucigrama utilizando recursos informáticos con algunas definiciones extraídas de la unidad de *Operadores tecnológicos*.

A

Formad un equipo de dos miembros y proceded del modo siguiente.

— Seleccionad, entre las que aparecen en el Anexo de *Vocabulario básico*, algunas definiciones de términos relacionados con aquella unidad.

— Confeccionad de forma manual la rejilla del crucigrama. Solucionadlo y comprobad que es correcto.

— Elaborad la rejilla con ayuda del ordenador. Tened en cuenta que ha de ser posible escribir en el interior de cada casilla.

40. Por equipos, generad una presentación con el programa de que dispongáis para explicar a vuestros compañeros la estructura y el funcionamiento de vuestro grupo de trabajo en la materia de Tecnologías.

— Seguid las indicaciones que aparecen en las páginas 238 y 239 de este libro.

41. Averigua para qué sirve la opción *Hipervínculo* que aparece en el menú *Insertar*.

A

— Coloca el cursor en un punto cualquiera de un documento y selecciona esta opción. Luego, escribe la dirección de una página web conocida.

— Haz clic sobre la dirección que has escrito y comprueba el resultado.

SÍNTESIS

42. Completa en tu cuaderno el mapa conceptual con los principales contenidos de la unidad.

EVALUACIÓN

1. Identifica en la imagen de la figura 82 los elementos siguientes y explica brevemente su función.

área de trabajo - barra de estado - barra de menús
barra del título - barras de desplazamiento
barras de herramientas - cursor - reglas

Fig. 82

2. Abre un documento *nuevo* en el procesador de textos y escribe el texto siguiente.

En 1654, Von Guericke hizo una espectacular demostración de la inmensa fuerza que la atmósfera puede ejercer con su famoso experimento de Magdeburgo. Éste consistió en unir dos hemisferios de acero de 50 cm de diámetro de modo que ajustaran perfectamente y hacer el vacio en su interior. Al intentar abrirlos tirando de cada hemisferio, dos tiros de ocho caballos cada uno no fueron capaces de separarlos.

A continuación, realiza las siguientes operaciones.

a) Justifica el texto a izquierda y derecha.

b) Establece un interlineado de 1,5 líneas.

c) Aplica la sangría francesa a 1 cm.

d) Desplaza la marca de sangría derecha de la regla horizontal de modo que el texto se adentre 1 cm.

e) Enmarca el texto con un cuadro. Asigna a la línea del borde una anchura de 3 puntos.

f) Rellena el cuadro con un sombreado gris y una intensidad del 30 %.

g) Elimina el cuadro y organiza el texto en tres columnas de modo que cada una contenga un párrafo y ocupen la misma altura.

3. Abre otro documento *nuevo* en el procesador de textos y escribe ahora el texto siguiente.

Propiedades mecánicas de la madera

Las propiedades mecánicas de la madera indican el comportamiento de ésta frente a los esfuerzos y los movimientos que ha de soportar. Las más importantes son: la elasticidad, la tenacidad y la dureza.

La elasticidad es la capacidad de un material de recobrar su forma primitiva cuando cesa la causa que lo deforma. Algunas maderas pueden doblarse en sentido longitudinal sin romperse dependiendo del grado de humedad. Si se trabajan en caliente, se puede conseguir que la forma que adoptan sea permanente.

La tenacidad es la resistencia a la rotura que presenta un material cuando se le somete a un esfuerzo brusco. Por regla general, la madera soporta mal los esfuerzos bruscos y se rompe con relativa facilidad.

La dureza es la resistencia que opone un material a ser rayado o penetrado por otro. En general, aunque la madera opone resistencia a ser penetrada o cortada, se trata de un material fácilmente hendible (se parte con facilidad) cuando se trabaja en el sentido de las fibras pero no en sentido transversal a éstas.

A continuación, realiza las siguientes operaciones.

a) Utiliza la aplicación *WordArt* para modificar el título del documento. Centra el cuadro.

b) Modifica el tipo y el tamaño de letra. Utiliza la fuente de letras que más te guste y el tamaño 14.

c) Destaca con letra negrita o cursiva las palabras clave del texto.

d) Destaca con un topo negro los párrafos de cada una de las propiedades.

e) Busca imágenes relacionada con el texto e insértalas donde creas oportuno.

f) Crea una tabla al final del texto en la que figuren el nombre de cada propiedad, su definición y en qué grado la posee la madera. Luego, formatéala.

4. Genera una presentación de diapositivas en la que se muestren los principales géneros de palanca.

— Utiliza imágenes obtenidas de la red Internet.

— En el espacio para notas de cada diapositiva, explica de dónde has obtenido la información y qué animaciones y transiciones has aplicado.

CURIOSIDADES

Existe un recurso informático muy interesante y sencillo de manejar que se conoce como animación *Flash*.

A diferencia de otros programas, las animaciones en *Flash* no requieren reproducir, paso a paso, el movimiento de los objetos sino simplemente indicar la posición inicial y final, la trayectoria y el tiempo que ha de transcurrir.

De este modo se consiguen efectos sorprendentes con muy pocos recursos.

Incluso existen programas que permiten convertir las presentaciones de diapositivas en presentaciones *Flash*.

Animaciones

Las presentaciones de información, cuando se refieren a objetos dinámicos, son más interesantes si reproducen, de forma real o ficticia, los movimientos.

Es el caso, por ejemplo, del efecto que produce un determinado esfuerzo sobre una estructura, o el movimiento de personas que se desplazan por cualquier recorrido, o la respuesta de un determinado operador mecánico frente a los agentes que actúan sobre él.

MINI WEBQUEST

¿Quieres aprender a confeccionar animaciones en soporte *Flash?*

Entre en la página web:

www.aulaclic.es/flashmx_2004/index.htm

Se trata de un curso gratuito de iniciación a *Flash* que te permitirá comprender en qué consiste esta aplicación y cómo se pueden crear animaciones sencillas con ella.

Síguelo, paso a paso. Está formado por una serie de unidades didácticas al final de las cuales hay una serie de flechas que te permiten pasar de unidad o volver atrás y que están plagados de ejemplos prácticos.

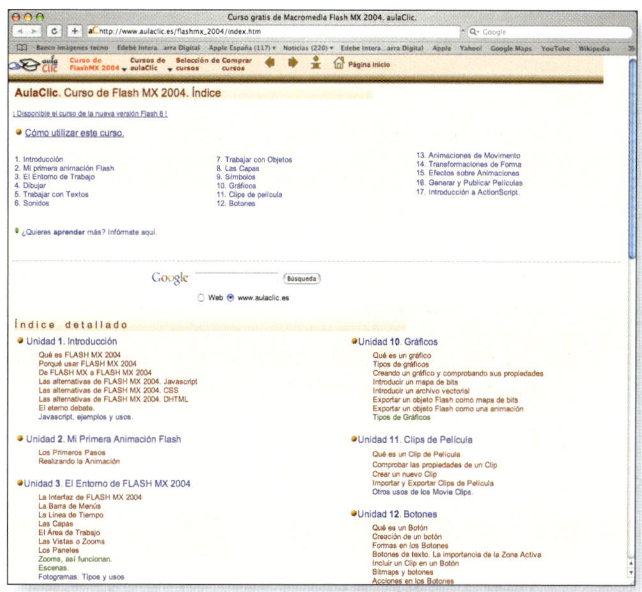

ANEXO

Unidad 8. Circuitos eléctricos

Acumulador: dispositivo capaz de almacenar energía eléctrica en forma de energía química para liberarla cuando se necesita.

Aislante: material que no permite el paso de la corriente eléctrica a través de él.

Alterna: tipo de corriente eléctrica en la que los electrones oscilan alternativamente en uno y otro sentido según cambia la polaridad del generador. Se simboliza con las siglas **AC** o **CA.**

Ámbar: resina fósil de color amarillo.

Amperio: unidad de medida de la intensidad de corriente. Su símbolo es **A.**

Base de enchufe: conector que facilita la inserción de las clavijas de los receptores.

Cable: conductor formado por un conjunto de hilos finos de cobre.

Clavija: conector que se sitúa en el extremo de los cables de alimentación de los receptores.

Conductor: 1. Material que permite el paso de la corriente eléctrica. 2. Elemento que permite la unión de otros operadores eléctricos.

Conector: dispositivo que facilita la conexión de diferentes operadores en el circuito.

Conmutador: elemento de control que desvía la corriente a una u otra de las salidas de que dispone.

Continua: tipo de corriente eléctrica en la que los electrones se desplazan siempre en el mismo sentido. Se simboliza con las siglas **DC** o **CC.**

Corriente eléctrica: movimiento de los electrones por el interior de un conductor.

Dieléctrico: otro nombre que recibe un material *aislante*.

Diferencia de potencial, tensión o voltaje: diferencia de energía que existe entre los extremos de un conductor o un operador. Se representa como ***V.***

Dinamo: dispositivo capaz de generar energía eléctrica a partir de energía mecánica que se obtiene del movimiento de objetos, del aire o del agua.

Electrón: partícula con carga eléctrica negativa que se localiza en la corteza de los átomos.

Elemento de control: operador que permite manipular de forma voluntaria el paso de la corriente eléctrica a través del circuito.

Faston: conector que facilita la inserción de las pilas de petaca en los circuitos de corriente continua.

Fuerza electromotriz: energía que impulsa a los electrones por el interior de un conductor.

Fusible: elemento de protección que resguarda al circuito frente a sobrecargas o trabajo prolongado.

Generador: operador encargado de producir energía eléctrica a partir de otras formas de energía.

Hilo: conductor formado por un cilindro macizo de cobre de diámetro variable.

Intensidad: cantidad de electricidad que circula por un conductor en la unidad de tiempo. Se representa como ***I.***

Interruptor: elemento de control que abre o cierra el circuito de forma permanente.

Lámpara de incandescencia: receptor capaz de transformar la energía eléctrica en energía radiante.

Li-ion: sigla con la que se identifican las baterías recargables de ion de litio.

Neutrón: partícula sin carga que se encuentra en el núcleo de los átomos.

NiCd: sigla con la que se identifican las baterías recargables de níquel-cadmio.

NiMH: sigla con la que se identifican las baterías recargables de níquel-hidruro metálico.

Motor: receptor capaz de transformar la energía eléctrica en energía mecánica.

Ohmio: unidad de medida de la resistencia eléctrica. Su símbolo es **Ω.**

Paralelo: forma de montaje en la que los operadores se conectan todos a los mismos puntos.

Pila seca: generador que transforma energía química en energía eléctrica.

Pinzas de cocodrilo: conector en forma de pinza con la boca estriada para evitar que resbalen.

Polímetro: aparato que mide las magnitudes eléctricas.

Portalámparas: conector que facilita la inserción de las lámparas de incandescencia a un circuito.

Portapilas: conector que facilita la inserción de pilas secas a un circuito.

Pulsador: elemento de control que abre o cierra el circuito mientras se está actuando sobre él.

Protón: partícula con carga eléctrica positiva que se encuentra en el núcleo de los átomos.

Receptor: operador que recibe la energía eléctrica y la transforma en otras formas de energía, como *lámparas de incandescencia* o *motores eléctricos*.

Regleta de empalme: conector que permite unir entre sí dos o más conductores de forma firme y segura.

Resistencia: oposición que presenta un conductor a ser atravesado por la corriente. Se representa como ***R.***

Serie: forma de montaje en la que los operadores se conectan uno a continuación del otro.

Voltio: unidad de medida de la tensión. Su símbolo es ***V.***

Unidad 9. Informática elemental

Blu-ray: formato de disco óptico de última generación y gran capacidad que se emplea para almacenar señales de video de alta definición y datos.

Bus: pista o canal que conecta entre sí algunos componentes de la placa base.

Cámara digital: cámara fotográfica que sustituye el carrete por una memoria flash en la que se almacenan las imágenes en soporte digital.

Circuito integrado o chip: circuito de dimensiones microscópicas que contiene centenares o miles de componentes electrónicos.

Defragmentador: programa que reorganiza la información del disco duro para evitar la dispersión y liberar espacio.

Disco duro: unidad donde se almacenan los programas instalados en el ordenador, y los archivos y ficheros con datos e información diversa.

Disco óptico: unidad de almacenamiento de datos y programas de alta capacidad formada por un disco circular capaz de contener información codificada en formato digital que se inserta en él utilizando tecnología láser.

Escáner: periférico que permite copiar textos e imágenes y los introduce en el ordenador.

Escritorio: pantalla de inicio del sistema operativo en la que se visibilizan los iconos de las aplicaciones y archivos existentes en el ordenador.

FireWire: denominación que recibe el puerto serie IEEE 1394 que se emplea para interconectar dispositivos digitales y que permite transmitir datos a gran velocidad.

Hardware: soporte físico del ordenador, es decir, conjunto de dispositivos que constituyen su arquitectura.

Impresora: periférico que imprime en soporte papel los resultados de salida de un ordenador.

Informática: ciencia instrumental que estudia el tratamiento automático de la información.

Interfaz: puerto que permite conectar un periférico exterior a la placa base a través de los buses.

Lenguaje de programación: procedimiento que permite introducir en el ordenador las instrucciones necesarias para ejecutar los programas.

Memoria *flash:* dispositivo de memoria capaz de acumular información en soporte digital y que puede ser borrado y reprogramado a gran velocidad mediante impulsos eléctricos cuantas veces se quiera.

Memoria RAM: se encarga de guardar los programas y los datos con los que el ordenador está trabajando para poder acceder a ellos rápidamente.

Memoria ROM: contiene la información básica necesaria para que el ordenador funcione.

Microprocesador: dispositivo que ejecuta todas las órdenes y controla el funcionamiento del ordenador.

Módem: periférico que se emplea para modular y demodular la señal que recibe o envía un ordenador.

Monitor: periférico de salida que permite visualizar en una pantalla las imágenes generadas por el ordenador.

Ordenador: máquina electrónica que recibe datos del exterior, los manipula de forma aritmética o lógica y presenta los resultados de nuevo al exterior.

Periférico: dispositivo externo mediante el cual es posible suministrar datos al ordenador, obtener información de él o ambas cosas.

Placa base: soporte en el que se integran todos los componentes de la CPU.

Programa de aplicación: tipo de programa informático diseñado para resolver un problema concreto.

Programa informático: plan para resolver los problemas aritméticos o lógicos que plantea el tratamiento de los datos que se introducen en el ordenador.

Ranura de expansión: zócalo situado en la placa base de un ordenador que permite insertar tarjetas para mejorar sus prestaciones.

Ratón: periférico que permite controlar el cursor que aparece en la pantalla del monitor de un ordenador.

Router: periférico que señala la ruta que han de seguir los datos cuando se transmiten dentro de una red de ordenadores.

Sistema operativo: conjunto de programas destinados a permitir la comunicación del usuario con un ordenador y gestionar sus recursos de manera eficiente.

Software: soporte lógico del ordenador, es decir, conjunto de programas que permiten que éste funcione.

Teclado: periférico que se emplea para introducir datos en el ordenador de forma manual.

Unidad central de proceso o CPU: elemento del ordenador que recibe los datos procedentes del exterior, los procesa y los envía a los periféricos de salida.

Unidad ZIP: unidad de almacenamiento de datos y programas de mediana capacidad formada por un disco circular capaz de contener información utilizando tecnología magneto-óptica. Ha caído en desuso.

USB: sigla que designa un puerto serie denominado *Universal Serial Bus* que permite conectar periféricos al ordenador sin necesidad de reiniciar éste.

Webcam: periférico que captura imágenes de video en soporte digital y las introduce en el ordenador.

Windows: nombre que recibe un sistema operativo que funciona por medio de un entorno gráfico.

Unidad 10. Tratamiento de la información

Animación: efecto dinámico que se incorpora a los textos de una diapositiva para que aparezcan en pantalla.

Archivo: menú que permite abrir, cerrar y guardar un documento. También permite configurar la página e imprimirla.

Área de trabajo: página virtual que aparece en la pantalla del ordenador y sobre la cual se confecciona un documento.

Autoformato: opción del menú *Tabla* mediante la cual es posible modificar la apariencia de una tabla seleccionando alguno de los modelos prediseñados.

Barra de estado: espacio situado en la parte inferior de un documento de texto que proporciona información sobre éste.

Barra de herramientas: espacio de un documento de texto provisto de iconos que permiten acceder rápidamente a algunas de las funciones más habituales.

Barra de menús: espacio de un documento de texto situado generalmente bajo la barra del título en el que se encuentran diversos menús desplegables con diferentes opciones cada uno.

Barra del título: parte superior de un documento de texto en la que aparece el título de éste.

Barras de desplazamiento: espacios situados generalmente a la parte derecha e inferior de un documento de texto y que permiten desplazarse rápidamente por su interior.

Clasificador: recurso de los programas de presentaciones que permite visualizar en mosaico todas las diapositivas.

Configuración por defecto: atributos y propiedades de un documento de texto que vienen predefinidos inicialmente por el programa y que pueden ser modificados a voluntad por el usuario.

Configurar página: opción del menú *Archivo* mediante la cual se definen los márgenes de un documento.

Cuadro de diálogo: ventana que se abre al activar determinadas opciones de los menús de un programa y que permite incorporar o modificar los atributos de un documento de trabajo.

Cuadro de texto: ventana en el interior de un documento en la que es posible insertar textos.

Diapositiva: cada uno de los elementos que constituyen un programa de presentaciones.

Edición: menú que permite cortar, copiar, pegar y borrar textos en un documento. También permite seleccionar todo el documento, buscar palabras o textos y reemplazarlos por otros.

Formato: menú que permite dar forma al documento mediante diversas opciones como seleccionar la fuente de letras, modificar su tamaño y su estilo, cambiar el interlineado de los párrafos, incorporar columnas y tabuladores, cambiar el color del fondo, etc.

Fuente: cada uno de los tipos de letra de que dispone la aplicación.

Herramientas: 1. Cada una de las diferentes opciones que se representan en la barra de herramientas mediante iconos. 2. Tipo de menú que permite, entre otras cosas, corregir ortográficamente el texto, contar cuántas palabras tiene, etc.

Icono: cada uno de los dibujos que aparece en las diferentes barras de herramientas y que permite acceder a una aplicación concreta sin más que hacer clic sobre él con el ratón.

Insertar: menú que permite añadir a un documento diferentes elementos, como la numeración de página, tablas, imágenes, cuadros de texto, hipervínculos, etc.

Interlineado: espacio entre líneas y párrafos en un documento de texto.

Intervalo: período de tiempo en que una diapositiva permanece visible en pantalla.

Microsoft Office: paquete integrado de software propietario que incluye, entre otros programas, el procesador de textos Word y el programa de presentaciones PowerPoint.

OpenOffice: paquete integrado de software libre que incluye, entre otros programas, un procesador de textos y un programa de presentaciones.

Presentación: secuencia ordenada de diapositivas que se muestra cuando activamos un programa de estas características.

Procesador de textos: aplicación que permite escribir, crear y tratar textos e insertar imágenes en ellos.

Reglas: barras (vertical y horizontal) que informan del espacio disponible en el área de trabajo.

Sangría: desplazamiento del texto de los márgenes de escritura un espacio predeterminado.

***Software* libre:** programa informático de acceso universal cuyos usuarios pueden emplearlo, distribuirlo o modificarlo sin ninguna restricción.

***Software* propietario:** programa informático protegido por derechos de autor cuyos usuarios pueden emplearlo bajo determinadas condiciones.

Tabla: menú que permite dibujar, insertar, eliminar o modificar el formato de una tabla con diferentes filas y columnas.

Tabuladores: marcas que indican el lugar al que se desplaza el cursor en un documento de texto cuando se oprime la tecla de tabulación (→/).

Transición: efecto dinámico que se incorpora a cada una de las diapositivas de una presentación para que aparezcan en pantalla.

Ver: menú que permite modificar la forma de visibilizar un documento, ver en pantalla las diferentes barras de herramientas de la aplicación y, si los hay, los encabezados y pies de página.

WordArt: programa de edición que permite definir el estilo de un texto a partir de formatos predeterminados.

Proyectos técnicos

El trabajo en el área de Tecnologías supone poner en práctica una serie de habilidades muy diversas, tanto manipulativas como verbales y técnicas.

El mejor modo de aprender consiste en tratar de resolver sencillos problemas tecnológicos utilizando las herramientas que conocemos y desarrollando un procedimiento de trabajo que ha resultado ser muy eficaz: el método de proyectos.

CONTENIDOS

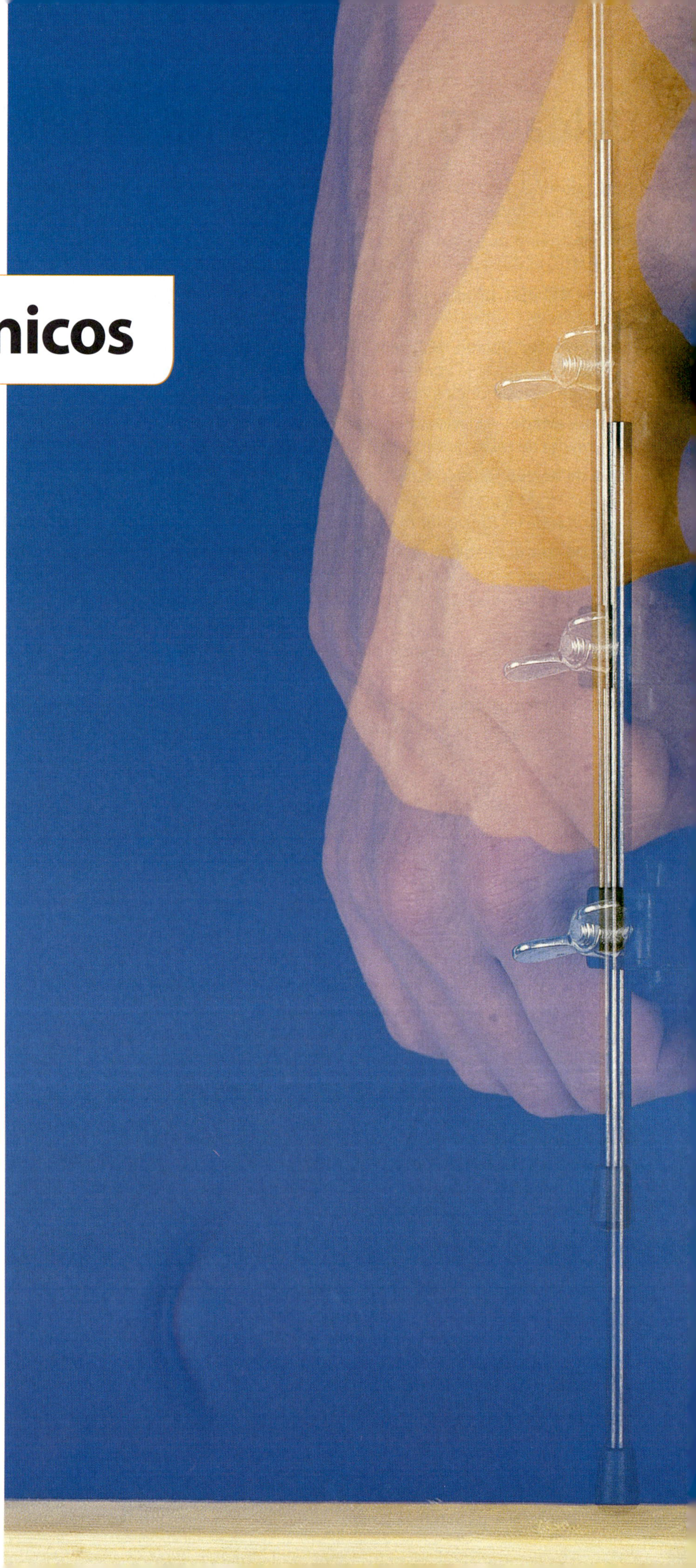

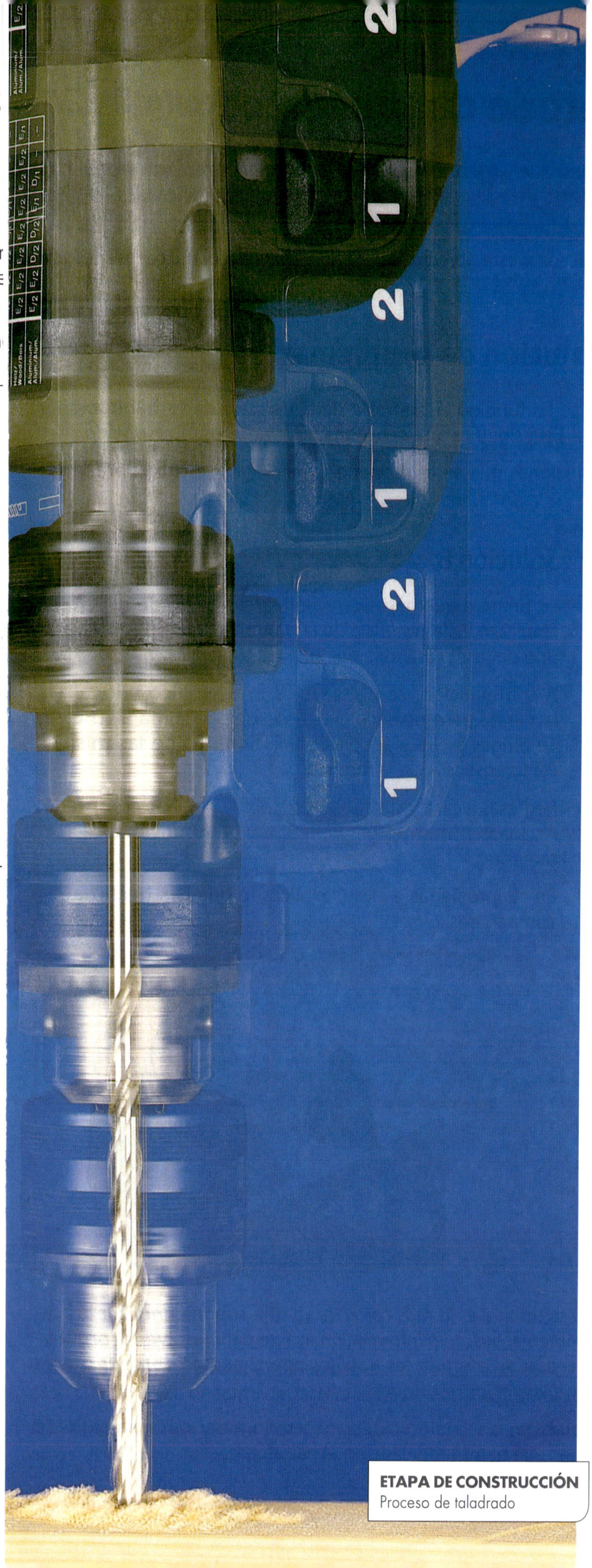

ETAPA DE CONSTRUCCIÓN
Proceso de taladrado

RESPONDE

- Enumera posibles riesgos para la salud en el manejo de herramientas y materiales y señala las precauciones básicas que hay que adoptar en el trabajo en el aula taller.

COMPETENCIAS BÁSICAS

Competencia en el conocimiento y la interacción con el mundo físico

- Analizar diferentes problemas tecnológicos y proponer soluciones adecuadas a sus características.
- Utilizar herramientas, útiles y máquinas respetando las normas básicas de seguridad.

Autonomía e iniciativa personal

- Elaborar un plan de trabajo para ejecutar un proyecto técnico y desarrollar procesos de construcción siguiendo el orden marcado previamente en el plan.
- Aportar ideas en el seno de un equipo de trabajo, respetando las de los demás.

Competencia para aprender a aprender

- Evaluar los resultados de un determinado plan de trabajo, así como la labor personal y la del resto del equipo.

Tratamiento de la información y competencia digital

- Buscar información relevante en diferentes fuentes para resolver problemas.
- Confeccionar documentos técnicos, tanto en el contexto del desarrollo de un proyecto técnico como para divulgar su resultado.
- Utilizar recursos procedentes de las TIC para obtener y comunicar información, así como para elaborar documentos de tipo técnico.